新版 雅俗文

化　書　系

樸初題

花与人令人与花。花如美人、

花比君子、花以抒怀……

丰富寓意蕴于花间，聊寄情思。

花色花香溢满城。古人戴花、

文人插花、佳节赏花……

生活花卉渗透交融，尽显雅致。

千姿百态花争艳。艳如牡丹、

清若梅花、香似兰花……

林林总总文化印记，各引心驰。

花亦有灵情难舍。司花之神、

掌花仙女、花中精灵……

荡气回肠动人传说，芳芳而至。

花文化

新版 雅俗文化书系

过常宝 主编

黄偲奇 著

中国经济出版社

CHINA ECONOMIC PUBLISHING HOUSE

·北京·

图书在版编目（CIP）数据

花文化/过常宝主编. -- 北京：中国经济出版社，
2013.1（2023.8 重印）
（新版"雅俗文化书系"）
ISBN 978 - 7 - 5136 - 1902 - 8

Ⅰ. ①花… Ⅱ. ①过… Ⅲ. ①花卉 - 文化 - 中国 - 通
俗读物 Ⅳ. ①S68 - 49

中国版本图书馆 CIP 数据核字（2012）第 223358 号

责任编辑　崔姜薇　姜　子
责任审读　霍宏涛
责任印制　张江虹
封面设计　任燕飞装帧设计工作室

出版发行　中国经济出版社
印 刷 者　三河市同力彩印有限公司
经 销 者　各地新华书店
开　　本　880mm × 1230mm　1/32
印　　张　7.25
字　　数　160 千字
版　　次　2022 年 1 月第 1 版
印　　次　2023 年 8 月第 2 次
定　　价　39.80 元

广告经营许可证　京西工商广字第 8179 号

中国经济出版社 网址 www.economyph.com 社址 北京市东城区安定门外大街 58 号 邮编 100011
本版图书如存在印装质量问题，请与本社销售中心联系调换（联系电话：010 - 57512564）

编　委　页

新版 雅俗文化书系
花文化

序一 季羡林序
(第一版"雅俗文化书系"序)

在中国,在文化艺术,包括音乐、绘画、书法、舞蹈、歌唱等方面,甚至在衣、食、住、行,园林布置,居室装修,言谈举止,应对进退等方面,都有所谓雅俗之分。

什么叫"雅"?什么叫"俗"?大家一听就明白,但可惜的是,一问就糊涂。用简明扼要的语句,来说明二者的差别,还真不容易。我想借用当今国际上流行的模糊学的概念说,雅俗之间的界限是十分模糊的,往往是你中有我,我中有你,决非楚河汉界,畛域分明。

说雅说俗,好像隐含着一种评价。雅,好像是高一等的,所谓"阳春白雪"者就是。俗,好像是低一等的,所谓"下里巴人"者就是。然而高一等的"国中属而和者不过数十人",而低一等的"国中属而和者数千人"。究竟是谁高谁低呢？评价用什么来做标准呢？

目前，我国的文学界和艺术界正在起劲地张扬严肃文学和严肃音乐与歌唱，而对它们的对立面俗文学和流行音乐与歌唱则不免有点贬义。这种努力是未可厚非的，是有其意义的。俗文学和流行的音乐与歌唱中确实有一些内容不健康的东西。但是其中也确实有一些能对读者和听众提供美的享受的东西，不能一笔抹杀，一棍子打死。

我个人认为，不管是严肃的文学和音乐歌唱，还是俗文学和流行音乐与歌唱，所谓雅与俗都只是手段，而不是目的。其目的只能是：能在美的享受中，在潜移默化中，提高人们的精神境界，净化人们的心灵，健全人们的心理素质，促使人们向前看，向上看，向未来看，让人们热爱祖国，热爱社会主义，热爱人类，愿意为实现人类的大同之域的理想而尽上自己的力量。

我想，我们这一套书系的目的就是这样，故乐而为之序。

季羡林

1994 年 6 月 22 日

序二　新版"雅俗文化书系"序

人的行为、意识、关系,人所面对的制度、风俗、物质等,都是文化。对于芸芸众生来说,文化与生俱来,人人都不能离开文化而生存。

古人说"物相杂,故曰文"(《周易·系辞下》),又说"五色成文而不乱"(《礼记·乐记》),所以,"文"就是多种色泽的搭配,它比自然状态有序而且更好看。圣人以此"化"人,就是要将人从蒙昧自然状态中改造过来,成为知廉耻、懂辞让、有礼仪的人。

现代人自我意识增强,就不这么看了。梁启超说:"文化者,人类心能所开释出来之有价值的共业也。"(《什么是文化》)就是说,文化是人类集体内在的灵性和智慧之花,这些花朵被普遍认可,并且形成一道道风景:道德、艺术、政治形态等。

这两种说法都有道理：先知先觉的天才们，引领着文化的方向；而我们每一个人，也都参与了文化的创造和延续。如此，文化才成其为文化。

政治、经济、伦理、哲学、学术、文学、艺术等，与意识形态和价值有关，有着官方色彩，可以称之为主流文化。而以社会生活为中心，如家庭、行业、风俗、技艺、生活行为等，以及一部分游离在社会法律和制度之外的行为，如绿林、帮会、寺庙、赌博等，则可称之为非主流文化或次生文化。

由于今天的"非主流文化"有"反主流文化"的意思，为了避免歧义，我们也可以直接地将这一部分内容称为生活文化和世俗文化。

主流文化对社会的发展至关重要，是精英们的舞台，他们以及他们精美的创造，为我们的社会树立了目标和尺度。但是，与我们每个人生活相关的，却是生活文化和世俗文化。生老病死、衣食住行、百般生业、游观娱乐、江湖绿林、方士游医、沿街托钵、鸡鸣狗盗……正是这一切，构成了日常生活的文化图景。

本书系关注社会生活，关注这五光十色的世俗图景，并希望能够完整地将它们勾勒出来。我们相信，这一幅幅的生活情态、世俗图景，甚至比那些彩衣飘飘、粉墨登场的角儿、腕儿，更加真实，也更有风采。

以"雅俗文化"为名，是为了显示我们对趣味的偏爱，并以此来区分于主流文化典正的姿态和庄严的价值观。其实在生活中是无所谓雅和俗的,弹琴虽然需要更多的教养,赌博对有些人来说似乎天生就会,但作为技艺,两者真有高下的差别吗?何况庄子说一切都与道相通,什么都可以玩出境界来。古人不是常拿厨艺说政治,并且还真有好厨师成了政治家的例子吗?所谓"雅俗文化",不过是遵从习惯的说法,并没有价值高下的意思。

日常生活及世俗图景都是文化,但文化毕竟具有建构性特点。换句话说,那些散乱的现象、意识、习惯等,只有被理解了,才具有意义,才能成为文化。我们编纂这套书系的目的,就是帮助人们理解日常生活和生活传统,从而能真正地从生活中体会到意义和趣味,增加人生的内涵。

我们期望编撰一套集知识性、趣味性甚至实用性为一体的文化丛书。它虽然不是学术著作,但就某一类别文化而言,应该有着系统的、可靠的知识,应该充分揭示出它的精神和境界,并融贯在对各种精彩文化现象的描述之中,使之真正贴近生活、提升生活,成为一道道能够颐养性情、雅俗共赏的精美的文化大餐。

过常宝

2011 年 3 月

前言　我辈皆是爱花人

在幅员辽阔的中国大地上,生长着成千上万种花卉。这些美丽的花朵,是大自然对人类的馈赠,也渐渐成为人们生活的一部分。古往今来,流传着许多关于花的传说,以花为题材的文学艺术作品数不胜数;至于栽花、赏花,更是形成了专门的研究领域。随着时间的推移,与花相关的点点滴滴早已渗透至整个中华民族文化的灵魂之中,形成了源远流长的花文化。

在远古的石器时代,我们的祖先就开始将花作为纹饰绘制在器物上,体现了对美的追求。文字出现以后,关于花卉的记载也逐渐多了起来。《诗经·郑风·溱洧》中有"维士与女,伊其相谑,赠之以芍药"的语句,意思是仲春时节,青年男女以赠送芍药花的形式来表达爱慕之情。由此可见,彼时已有人将送花作为情感表达的一种方式。而屈原在《离骚》中以佩戴兰草来表明自己高洁的品性,则说明某些花卉已拥有了特定的文化内涵。秦汉时期,越来越多的人将花卉种植于庭院之中,以便观赏。汉武帝的上林苑中就有许多珍贵的奇花异草。而佛教于魏晋南北朝传入中国以后,受佛前供花习俗的影响,插花艺术逐渐兴盛,文人咏花的诗作也越来越多。其中,陶渊明吟咏菊花的作品对后世产生了很大影响。

隋唐时期,在繁荣的经济影响下,花文化也得到了极大的发展。上至君王公卿,下至平民百姓,人人皆以赏花为乐事。唐人尤爱牡丹,牡丹花开之时,人们往往倾城而观,白居易"花开花落二十日,一城之人皆若狂"和刘禹锡"唯有牡丹真国色,花开时节动京城"等脍炙人口的诗句就是对当时盛况的描绘。这一时期女子佩花、戴花也十分流行,周昉的《簪花仕女图》就反映了当时贵族妇女在日常生活中簪花的习俗。

◎ 簪花仕女图(局部)

宋人喜画花鸟,在《宣和画谱》记载的北宋官廷收藏中,有三十位花鸟画家的近两千件作品,所画花卉品种多达两万余种。而宋代文人画作多将己情寄寓于对"四君子"——

梅、兰、竹、菊的描绘中，不止于追求形似，更重视画外之意。

彼时插花艺术也相当繁盛，士大夫将挂画、插花、焚香、点茶合称"四艺"，作为文人雅士生活的重要内容。当时的朝廷还

◎ 赵孟坚《墨兰图》

会赐花给德才兼备的大臣，以示奖赏，人们爱花之况可见一斑。这时也出现了欧阳修的《洛阳牡丹记》、范成大的《范村梅谱》等系统介绍花卉的作品。

明清两代的花文化延续了唐宋的传统，并有进一步的发展。在绘画与诗歌领域，多有名家名作传世，其中有些名家既是画家，也是诗人，如徐渭、郑板桥等；随着花卉栽培水平的提高，阐述和介绍花卉栽种及品种的专著相继出版，如明朝的《茶花谱》《艺菊谱》，清朝的《广群芳谱》《巩荷谱》等。

花的姿态、花的气质、花的品格、花的灵魂……中华民族对于花的喜爱深深融于民族文化的血液之中。时至今日，我们依然会在某个天气晴好的春日，外出看花、赏花；依然会将自己的情感寄托于一束鲜花之中，赠予他人；依然会为一朵花的盛放而感动，为一朵花的凋谢而伤怀……

这一切，只因我辈皆是爱花人。

3

目 录

第一章

中国文化与花

中国文化与花的密切关系，首先体现在花与人的关系上。花如美人，花比君子，古人将深厚的情感寄托于美丽的花卉，流传下无数浪漫诗篇与动人故事。

第一节 桃之夭夭，灼灼其华
——花与美人

鲜花与美人之间的关系是不言而喻的，《诗经·周南·桃夭》开篇"桃之夭夭，灼灼其华"即以绽放的桃花比兴新娘如花般美丽的容貌。在中国传统文化中，这样的比拟比比皆是。花朵鲜艳的色彩、动人的姿态都不禁使人联想到女子姣好的面容和精致的服饰，二者相互映照，更添光彩。

宋代著名词人晏殊的《采桑子·石竹》就生动地向我们展示了一幅美人与鲜花相映的美好图景：

古罗衣上金针样，绣出芳妍。玉砌朱阑，紫艳红英照日鲜。

佳人画阁新妆了，对立丛边。试摘婵娟，贴向眉心学翠钿。

也许是因为百无聊赖吧，美丽的女子翻出压在箱底的古罗衣，那纱衣上面用金线绣着清丽动人的石竹花，栩栩如生，仿佛都要透出香气来。她缓缓走下玉阶，轻倚朱栏，看到满园的石竹花正映着阳光盛放，紫色也好，红色也罢，一朵朵都开得如此惹人怜爱。终于画好了精致的妆容，佳人走到那灿烂的石竹花丛边，弯下腰肢，轻轻摘下一朵鲜花，将花瓣贴在眉心，权当作那翡翠的头饰。这场景如此唯美而自然，宛如一幅

◎ 石竹花

画，正表现着鲜花与美人之间无声的和谐。

🌀 芙蓉如面柳如眉

唐代诗人白居易在其名作《长恨歌》中以一句"芙蓉如面柳如眉"生动地表现了唐玄宗面对花柳回忆杨贵妃的伤感情景。其以娇艳的芙蓉花比喻妃子生前的容颜，真是十分贴切。实际上，在中国古代诗词中，不仅仅有这些以花喻人的例子，还有许多使用拟人手法，将花儿当作美人进行描写的现象。

4

同样与杨贵妃相关，宋代诗人赵福元就曾将柔风细雨中雪白的梨花写成是出浴的美人，并将其与杨贵妃相比：

玉作精神雪作肤，雨中娇韵越清癯。若人会得嫣然态，写作杨妃出浴图。

◎ 梨花

若只看诗的前两句，人们大约真会以为是一位亭亭玉立的美女在雨中沐浴吧！可见赵福元青睐如清雅美人的梨花。而同样身为宋代诗人的杨万里却偏爱朴实可爱的牵牛花：

素罗笠顶碧罗檐，晚卸蓝裳着茜衫。望见竹篱心独喜，翩然飞上翠琼簪。

写的虽然是花，全诗却不着花字，只把花儿当作人来描

◎ 牵牛花

写。我们仿佛真的能看见一个天真烂漫的农家少女,头戴笠帽,身穿彩衫,活泼可爱。牵牛花的花瓣中含有一种碱性的花青素,经过太阳的照射,这种成分会逐渐变成酸性,因此花瓣的颜色也会随之由蓝色变成粉红色或紫红色。"茜"在古代有红色的意思,"晚卸蓝裳着茜衫"一句,就生动而巧妙地写出了牵牛花的这种自然现象。

还有一首描写含笑花的古诗也有异曲同工之妙:

花开不张口,含羞又低头。拟自玉人美,深情暗自流。

◎ 含笑花

诗人形象的描绘使读者眼前自然地浮现出一位腼腆少女的模样,有些害羞,又有些矜持,正低着头微微冲着人笑呢!

常言道:"花美人更美。"不过,在有些诗人的眼里,那花儿可比女子美上好几倍呢!明代著名文人文徵明曾作诗歌咏玉兰花:

绰约新妆玉有辉,素娥千队雪成围。

我知姑射真仙子,天遣霓裳试羽衣。

影落空阶初月冷,香生别院晚风微。

玉环飞燕原相敌,笑比江梅不恨肥。

他把玉兰写得这么美,这么脱俗,仿佛那远离尘世的仙女,穿着无瑕如雪的衣裙,成群结队地在静谧的月光下跳着优美的舞蹈。即使是杨玉环、赵飞燕这样的绝世美女,在冰清玉洁的玉兰仙子面前也无法匹敌了。

无独有偶,唐代诗人黄滔写木芙蓉的美,写到最后,做一假想:"移根若在秦宫里,多少佳人泣晓妆。"这美丽的花儿竟能使秦宫中的佳人自惭其貌,诗人爱花之情可见一斑。

◎ 玉兰花

6

淡妆浓抹总相宜

在许多诗人心中,那一朵朵绽放的花儿,就仿佛是他们心仪的佳人。因此,美人们专属的粉黛胭脂也自然而然地出现在了那些花花草草的面庞之上。且看王安石的这首《木芙蓉》:

水边无数木芙蓉,露染胭脂色未浓。正似美人初醉著,强抬青镜欲妆慵。

◎ 木芙蓉(三醉芙蓉)

木芙蓉花开于霜降时节,彼时大部分鲜花已落,唯其凌寒而放。王安石正是怜惜其冷艳之美,故将其描绘成微染胭脂的初醉美人,一句"强抬青镜欲妆慵"写尽木芙蓉花的个性。与牵牛花变色的原理相似,木芙蓉中也有一种会变色的三醉芙蓉,晨色如玉,午后变为桃红色,傍晚又渐转至深红,仿佛美人婉转的神色,真是美丽非常。

除了王安石笔下的木芙蓉,善于涂脂抹粉的还有白居易笔下的木兰花:

紫房日照胭脂拆,素艳风吹腻粉开。怪得独饶脂粉态,木兰曾作女郎来。

素艳的花朵,犹如略施了脂粉的女郎,微风轻拂她细腻丰腴的肌肤,如此动人,怪不得曾有女子名为木兰呢。在这里白居易借用了花木兰的典故,几句戏言,却把木兰花青春勃发的样貌描绘得淋漓尽致。

◎ 木兰花

7

有时候,诗人也会将花开花落的现象比拟为美人施妆卸妆。比如,宋代诗人王淇的《春暮游小园》,诗人用"一丛梅粉褪残妆,涂抹新红上海棠"写春天梅花凋零、海棠花开的情景,真可谓巧思。

苏东坡在描绘西湖之美时,曾写下"淡妆浓抹总相宜"的名句,意思是无论晴雨,西湖的景色都十分动人,而这句诗中体现出的两种审美取向——浓烈、清雅,这正好代表着对中国女性美的认识。有人喜欢明艳多姿,也有人偏爱清淡素雅,对鲜花的观赏与对美人的观赏是一个道理。那些花之事,说来都是人之事。

要说浓烈的美,牡丹是当仁不让的。"春来谁作韶华主,总领群芳是牡丹",这"国色天香"的牡丹花似乎能够撑得起任何大场面。宋人朱弁的《曲洧旧闻》记载着品种名为"一尺黄"的牡丹"花头面广一尺"。宋代的一尺,大约相当于今天的三十厘米,如此硕大的花冠,真给人一种雍容华贵的君王气象。

同样给人艳丽之感的,还有春日盛放的桃花。"*百分桃花千分柳,冶红妖翠画江南。*"常用来比拟少女的春桃,每逢花期,往往花开满树,暖风一吹,冶艳非常。

浓妆重彩自然容易惹人注意,但淡妆素颜同样也能令人心醉。苏东坡写寒梅"*素面常嫌粉污,洗妆不退唇红*",俨然一位不屑过多装扮的本色女子,反而使人感觉高洁脱俗。而"*海棠不惜胭脂色,独立蒙蒙细雨中*",在宋人陈与义的笔下,雨中的海棠花并不在乎自己的胭脂妆容,依然傲然开放,也别有一种气质。

❦ "解语花"与"买笑花"

除了多情的诗词,美人与花之间也流传着许多有趣的故事。唐代王仁裕的《开元天宝遗事》中就记载了这样一个故事:

八月时节,太液池中盛开着朵朵白莲花,十分美丽,于是唐明皇便在池边宴请皇亲国戚一同赏花。当群臣对着池中莲花赞不绝口之时,风流多情的唐明皇却指着爱妃杨玉环说:"这池中之花怎么比得上我的解语花呢?"

不久,诗人罗隐便在一首吟咏牡丹花的诗作中运用了这一概念:"*若教解语应倾国,任是无情也动人。*"自此以后,"解语花""解语倾国"便成了美人的别称。

在文人笔下,杨贵妃与花的缘分还真是不浅呢,芙蓉、梨花、玉兰、白莲都成了与之比美的对象,连名花海棠也要来凑凑热闹。据宋代传奇小说《杨太真外传》记载,有一次,唐玄宗李隆基召贵妃同宴,谁知佳人竟宿醉未醒,侍儿扶至御前时,"妃子醉颜残妆,鬓乱钗横,不能再拜"。也许那又醉还醒的模样实在是太美了吧,皇上竟然一点儿也不生气,反而笑道:"岂是妃子醉,真海棠睡未足耳。"这花儿又怎么会有睡觉的时刻?只是这样比拟倒恰如其分地描摹出美人慵懒的神色。苏东坡还曾作《海棠》诗一首,其中"只恐夜深花睡去,故烧高烛照红妆"两句就援引此事为典故,将爱花人的痴情生动地表达出来。而今海棠又有"睡美人""花贵妃"的雅号,大约还是因为那醉后的杨玉环吧。

◎ 梅兰芳出演京剧《贵妃醉酒》

9

◎ 蔷薇

同样与帝王和妃子相关,明代王路的《花史左编》中则记载了一个与蔷薇花相关的典故:

一次,汉武帝与其妃丽娟一同赏花,只见那蔷薇正当绽放时,花瓣娇艳,宛如含笑,真是惹人喜爱。武帝不禁感叹:"这花美得胜过美人的微笑啊!"一旁的丽娟淘气地说:"那笑可以用钱买到吗?"汉武帝也用玩笑的语气答道:"可以啊。"于

是，丽娟便真的取出黄金百两，作为买笑钱，以迎合皇帝的
欢心。

缘因此事，蔷薇花也有了个有趣的别号——"买笑花"，
是不是有几分诙谐可爱呢？

🌸 石榴裙和金凤甲

花对女子的影响，还在服饰方面有所体现，其中最为著名
的，大约是石榴裙吧。这种服饰兴盛于唐代，深受彼时年轻女
子的青睐。之所以名为石榴裙，是因为这种裙子的颜色如石
榴花一般鲜红，特别能衬托出年轻女子的俏丽。唐人万楚即
曾以诗句"眉黛夺将萱草色，红裙妒杀石榴花"描绘女子的娇
艳姿态。白居易《琵琶行》中有"钿头银篦击节碎，血色罗裙
翻酒污"，其中的"血色罗裙"指的应该就是石榴裙。而在白
居易的另一首诗《官宅》中，则直接出现了"石榴裙"一词："移
舟木兰棹，行酒石榴裙。"在古代，石榴裙的颜色很有可能是由

◎ 石榴花

茜草染制而成的，所以石榴
裙也被称作"茜裙"，宋刘铉
有词："暮雨急，晓霞湿，绿
玲珑，比似茜裙初染一
般同。"

石榴裙的概念一直流传
到今天，当男子对女子倾心
时，常被称作"拜倒在石榴裙

下"，据说这个说法也跟杨贵妃喜穿石榴裙有点关系呢！

美人穿上了美丽的石榴裙，接下来，就得用凤仙花染指甲
了。今天许多女性喜欢涂指甲油，其实在中国古代，女子就有

染指甲的传统,南宋周密在《癸辛杂识》曾细致地记录了彼时用凤仙花染指甲的方法:

> 凤仙花红者,用叶捣碎,入明矾少许在内。先洗净指甲,然后以此敷甲上,用片帛缠定过夜。初染色淡,连染三五次,其色若胭脂,洗涤不去,可经旬。直至退甲,方渐去之。

由于这一特殊用途,凤仙花也被称为"指甲花"。而红指甲则可谓是中国古代女性的一大重要特征,许多诗词中都有提及,如徐阶的"金凤花开色最鲜,染得佳人指头丹",吕兆麟的"染指色愈艳,弹琴花自流"等。元代诗人杨维桢的名句"夜捣守宫金凤蕊,十尖尽换红鸦嘴"就记录了当时皇宫中宫女夜晚捣凤仙花涂甲的情景,其中"金凤"即指凤仙花。无独有偶,明代文人瞿佑也有诗句"要染纤纤红指甲,金盆夜捣凤仙花"。爱美的中国女性们,真是与花儿结下了不解之缘。

◎ 凤仙花

第二节 出淤泥而不染,濯清涟而不妖
——花与君子

"岁寒,然后知松柏之后凋也。"《论语》中的这句话旨在

赞赏松树和柏树不畏寒冷气候、坚韧不拔地生长的勇气,进而赞誉那些像松柏一样不随俗流、保持节操的人物。以物喻人似乎是中国文化的一种传统。在今天看来,植物的样貌及其生长环境当然都是自然选择的结果,但在古人眼里,世间万物都是有灵性的。即使不起眼的一草一木,也蕴含着不同的生命内涵。因此,古人爱花,除了花的外貌、姿态,还关注花的品性。

从孔子开始,儒家就十分推崇"君子"这一概念。所谓"君子",通俗一点来说,就是具有高尚品德的人,其与缺乏德行的"小人"是相对的概念。北宋学者周敦颐曾写过一篇著名的散文《爱莲说》,文中将莲花誉为"花之君子者",并详细地说明了如此称呼的理由:

　　予独爱莲之出淤泥而不染,濯清涟而不妖,中通外直,不蔓不枝,香远益清,亭亭净植,可远观而不可亵玩焉。

◎ 莲花

莲花从淤泥里长出来却不被污染,经过清水的洗涤却不显得妖艳,就如君子即使在恶劣的环境中也能保持住自己的本性;莲花的茎中间是通透的,外形是挺直的,正类似君子"坦荡荡"的个性;莲花不生枝蔓、不长枝节、笔直站立的模样,则应和君子"和而不同""群而不党"的处世准则;池中的莲花香气远播,人们可以远远观赏它,却不可以靠近玩弄它,又呼应了君子自尊自重的精神品格。

这么看来,看似娇弱的花朵,在中国传统文化中,似乎还拥有除了美丽之外的另一层内涵:不但与美人比美,更与君子齐德。

爱花须敬"四君子"

除了莲花,直接有花中"君子"之称的还有"四君子",即梅、兰、竹、菊。这一概念主要是从中国传统绘画中来的。明万历年间,文人黄凤池辑成一部名为《梅竹兰菊四谱》的花谱,他的好友陈继儒在其上题签曰"四君"。这部作为学画者范本的书刊刻发行之后,梅、兰、竹、菊"四君子"的称号便渐渐流传开来了。

当然,早在这一称号广泛流行之前,这四种植物就已经进入了文人士大夫的精神生活之中,并成为他们所追求的精神境界的象征了。士大夫们所关注的,不仅仅是"四君子"的自然美,他们将道德品质和人格力量灌输到"四君子"的概念之中,使之具有独特的文化内涵。通过对"四君子"形象的塑造,文人士大夫托物言志,试图实现自我价值。在悠久的文化长河中,寄托着人格理想的"四君子",最终成为文人表达自我追求的最好题材。

"四君子"中为首者当属兰花。"秋兰兮清清",早在屈原的《离骚》之中,兰花就已经具备了一种高洁超然的气质。《孔子家语》中有这样一段话:

芝兰生于深谷,不以无人而不芳;君子修道之德,不为困穷而改节。

13

◎ 兰花

兰花喜阴,喜湿润,故多生长于空山幽谷之中,与杂草为邻。即使生长环境恶劣,即使远离尘嚣,无人照料,无人欣赏,兰花依然默默绽放着芳香,就好比陷于困穷之中的君子,始终不曾更改自己的节操。《文子》亦有言:

> 兰芷不为莫服而不芳,君子行道,不为莫知而止。

兰花之芳香,正如君子之行道,"不患人之不己知",一直孜孜不倦地坚持着、延续着,也许有些孤独,却有着他者不可替代的价值。

颜回是孔子最为看重的学生,孔子曾赞赏他即使只有"一箪食""一瓢饮",居住于陋巷之中,仍然不改变自己求道的乐趣。这种安贫乐道的气质和与世无争的兰花多么相似,难怪在古人眼里,为人应为君子,为花当为兰草。

"四君子"中其他三者为人所称道,主要由于它们的抗寒特性。菊花盛放于深秋,挺立于凉风之中,傲霜斗雪;梅花娇艳于寒冬早春,于百花凋零之时,恬然处之;竹子更是四季常青,经冬不凋。三者都不屑与群芳争艳,只固执地坚守着属于自己的花期,这种个性,自然被看作是那些不随流俗、不趋炎附势、坚韧不拔、傲然不屈的君子的象征。

唐代元稹的《菊花》就表达了诗人对这种独立寒秋的个性的喜爱:

> 秋丛绕舍似陶家,遍绕篱边日渐斜。不是花中偏爱菊,此花开尽更无花。

秋冬之时，繁花落尽，依然绽放的菊与梅自然就显出了别样的气节与魄力。在寒冷的气候中，一点鲜艳的花色，一抹清雅的芳香，令多少文人陶醉痴迷。

◎ 菊花

爱菊者以陶渊明最为著名，其咏菊花诗量多，其中有一首直接赞菊、松之贞节：

芳菊开林耀，青松冠岩列。怀此贞秀姿，卓为霜下杰。

南宋著名文学家陆游亦有咏梅名句：

无意苦争春，一任群芳妒。零落成泥碾作尘，只有香如故。

梅花自有其傲骨，故不愿效仿群花苦苦争春，即使粉身碎骨，其志（香气）也不移。表面说的是梅花，实际上是词人在表明自己不同流合污的决心。元冯子振赞梅花"任他桃李争欢赏，不为繁华易素心"，古人不将艳丽的桃李等花木称作君子，正是由于这些植物爱热闹、喜繁华的天然属性不符合君子所具备的品性标准。诸如杏

◎ 梅花

花、栀子、茉莉等花卉，既不像兰花一样色淡香清，又不似梅、菊那般不畏严寒，虽拥有风情万种之姿色，却不足以承担君子之名了。

对于古代文人来说，并不是人人都能画好"四君子"的，画梅须有梅的气骨，画兰要有兰的节操，所谓**"画梅须具梅气骨，人与梅花一样清"**，说的就是这个道理。在赏花、画花的过程中，古人也时时刻刻提醒自己身为君子的准则，这种精神上的自律品质，是值得我们敬佩的。

✿ "海棠巢"与隐者心

尧舜时代有位贤人名为许由，相传尧帝要把君位让给他，他推辞不肯接受，逃在箕山下自耕自食；后来尧帝又想让他做九州的长官，他跑到颍水边洗耳，表示不愿听到这些话。

许由洗耳的故事颇受后代文人推重，这从一个侧面反映出中国传统文化对于洁身自好的隐逸行为，基本上抱着一种宽容甚至偏向赞许的态度。而无论是莲花还是"四君子"，似乎与君子相关的花卉大多都有点孤芳自赏的味道。因此，这些花卉与遗世独立的隐士之间就自然而然地发生了联系。陶

◎ 海棠

渊明与菊花、林逋与梅花之间都有着千丝万缕的情缘，具体的内容我们将在本书的第三章中看到。

北宋诗人黄庭坚有诗名《题潜峰阁》，其中首句为"徐老海棠巢上"，据说这"海棠巢"属于彼时一位名为

徐伫的隐士。大隐隐于市，徐老安贫乐道，隐逸于药肆之中。其尤爱海棠，住所处种有数株海棠，而又于海棠之上筑屋结"巢"。每当家中有客人拜访时，徐老就邀请客人到"海棠巢"中一坐，把酒言欢，风雅非常。

　　木末芙蓉花，山中发红萼。涧户寂无人，纷纷开且落。

　　王维的这首《辛夷坞》写的是深山中默默开放的辛夷花。因为辛夷花含苞待放时的形状很像荷花箭，又像毛笔，颜色也与荷花相似，因此王维称其为"木末芙蓉花"是非常贴切的。辛夷花开放之时，颜色鲜艳，极有生命力，可惜却无人观赏；待花期过

◎ 辛夷花

去，花瓣于山间纷纷扬扬飘落，美丽而寂寞。作此诗时王维已是晚年，在蓝田辋川别墅过着半仕半隐的生活，从诗中可以看出他彼时矛盾的心态：一方面他迷恋自然界无声的美好，故能在诗中营造出一种浑然天成般幽静的境界；而另一方面，他对现实虽心怀不满却无能为力，因此字里行间也透露出一丝丝隐约的苦闷。

　　王维的矛盾心境在古代文人中是很有代表性的。出世、入世，一直是中国古代士人举棋不定的两个方向。儒家积极的入世取向，促使读书人挤破了头也要做官从政；而道家超然的出世理想，则又是从古至今多少文人心灵的栖息之地。隐士对于花卉的偏爱，除了其本身对自然的推崇外，还由于一种自我精神的投射。以爱花之名，爱惜自己的名誉和理想，坚守最初的本心，这大约是所有爱花的隐逸者共同的人生追求吧！

17

君子为朋花为友

古人爱花,爱花之风姿,也爱花之灵性,爱之深,进而以花为友。明代著名文学家袁宏道正是一位用心择花友之人:

夫取花如取友,山林奇逸之士,族迷于鹿豕,身蔽于丰草,吾虽欲友之而不可得。是故通邑大都之间,时流所共标共目,而指为隽士者,吾亦欲友之,取其近而易致也。余于诸花,取其近而易致者:入春为梅,为海棠;夏为牡丹,为芍药,为石榴;秋为木樨,为莲、菊;冬为蜡梅,一室之内,荀香何粉,迭为宾客。取之虽近,终不敢滥及凡卉,就使之花,宁贮竹柏数枝以充之。

选择花卉与选择朋友是同样的道理。于花友,袁宏道一年四季各有所爱,而无论春之海棠、夏之牡丹,还是秋之莲、冬之蜡梅,或可冶人情操,或可养人心性,或可正人品德,皆是文人所喜之名花,好比世人所敬之君子。袁宏道的择"友"标准是十分严格的,如果没有合适的花卉,他也不会自降格调使用那些庸俗的"凡卉",宁可代之以竹柏。

《颜氏家训》中说:"君子必慎交友焉。"古人极重交友,如果对方不是一位值得结交的君子,是不可能"匿怨而友其人"的;正如古人择花,不符合品鉴标准的花卉,也是不会被看重的。

"四君子"之一的梅花大约是古代文人最易亲近的朋友之一。古代文人将松、竹、梅合称为"岁寒三友",推崇其冰清玉洁、不畏严寒的高尚品质,这种提法直到现在仍然常被使用。而苏轼曾言:"梅寒而秀,石文而丑,竹瘦而寿,是为三益之友。"梅花又在这"三益之友"中占了一席。所谓"益",自然是有益于人的品性。所以爱梅之人，以梅为友，正似与君子为友，益处良多。

在万物有灵论的观念下，古人认为，既然人有好坏之分，花也有品德的差别。若以花为友、为宾客，则不得不先划分其性格。宋代文人姚宽著《西溪丛语》，将各式花卉分为三十客：

◎ 赵孟坚《岁寒三友图》

牡丹为贵客，梅为清客，兰为幽客，桃为夭客，杏为艳客，莲为溪客，木樨为岩客，海棠为蜀客，踯躅为山客，梨为淡客，瑞香为闺客，菊为寿客，木芙蓉为醉客，酴醾为才客，蜡梅为寒客，琼花为仙客，素馨为韵客，丁香为情客，葵为忠客，含笑为佞客，杨花为狂客，玫瑰为刺客，月季为痴客，木槿为时客，安石榴为村客，鼓子花为田客，棣棠为俗客，曼陀罗为恶客，孤灯为穷客，棠梨为鬼客。

其中大部分名称褒贬之义显而易见。所谓来者皆是客，但有些客是可以进一步深交的，比如贵客、清客；有些客就要慎重来往，比如佞客、狂客；还有些客，则必须敬而远之，保持距离，比如俗客、恶客。同样为花卉，人之态度却差别巨

◎ 曼陀罗

大,这正是受君子、小人观念影响的结果。比如"恶客"曼陀罗,虽然花朵本身十分美丽,但其含剧毒,会危害周遭的其他植物,人若不小心误食,还有性命之忧。这样的花朵,即使在西方的传说中,也一直被赋予恐怖的色彩,中国古代冠其以恶名,也是理所当然的。与这样的恶客来往,一不小心,恐怕会祸及自身,这与"近墨者黑"所说的小人不是有几分相似吗?

清人张潮《幽梦影》中有言:

梅令人高,兰令人幽,菊令人野,莲令人洁,春梅令人艳,牡丹令人豪,蕉与竹令人韵,秋海棠令人媚,松令人逸,桐令人清,柳令人感。

栽种花卉,说到底是一种审美追求,旨在陶冶心性。不同的花,会对人产生不同的影响。反过来说,养什么样的花或多或少反映出你是一个怎样的人。君子为朋花为友,这样的生活,真是令人心向往之。

第三节 感时花溅泪,恨别鸟惊心
——花与情感

面对大自然的美好,我们常常会不由自主地从心底发出赞叹。所谓审美,简单地说就是这种欣赏、领会事物美的能力。而美是如此神奇,怀抱着不同的心理状态,眼里看到的美也会是截然不同的。即使观赏的是同一盆花卉,有时我们会因花儿盛放的风姿而感觉心旷神怡、神清气爽,有时我们也会因想到花期之短暂而感叹生命之脆弱。赏花的人看的明明是花,却往往看到自己心事的倒影。眼里的花与心中的情感,就是如此无声地发生着关联。

> 国破山河在,城春草木深。
>
> 感时花溅泪,恨别鸟惊心。
>
> 烽火连三月,家书抵万金。
>
> 白头搔更短,浑欲不胜簪。

这是杜甫于"安史之乱"期间在长安所作的一首诗。彼时唐王朝正遭受一场大劫难,唐玄宗仓皇出逃之后,安史叛军将都城长安洗劫一空,整座城市呈现出一种破败的样貌。山河虽然依旧,却已是国破家亡;春回大地时分,满城却尽是荒凉。爱国诗人杜甫眼见如此情景,不禁感到深深的忧伤。诗中"感时花溅泪,恨别鸟惊心"更是成为千古名句。这两句诗运用了互文的手法,可以从两个角度来理解:一是诗

◎ 杜甫像

人因感伤时局、怅恨别离而不禁对花落泪,听鸟鸣而感到惊心;二是将花、鸟人格化,国家的分裂、国事的艰难使长安的花、鸟都为之落泪惊心。

无论哪一种理解,花、鸟的身上都凝聚着诗人厚重的情

感,进而突出了诗歌所表达的亡国之悲、离别之痛。而这两种理解正好代表着花与情感关联的两大方向——花木有情与寄托抒怀。

一草一木亦有情

"草木也知愁,韶华竟白头。"这是《红楼梦》中林黛玉咏柳絮词的句子。

正如前文中一再提及的那样,在古人眼里,天下一草一木无不有情。飘飞的柳絮,于多情的词人笔下,也知愁滋味。花木能够感知人的情感,并通过自己的方式与人进行交流,这是中国古代文人所深信不疑的。

唐代南卓《羯鼓录》中就记载了一则有趣的"羯鼓催花"的故事。

羯鼓是一种从西域传至中原的乐器,相传唐玄宗十分喜爱演奏羯鼓。有一回,唐玄宗经过小殿内庭,见到柳杏含苞欲放,来了兴致,便于庭中设宴备酒,并命太监高力士取来羯鼓。浅尝小酌之后,玄宗临轩击鼓,演奏了一曲自制的《春光好》,演奏得十分尽兴。待曲奏毕,他回头一看,发现不知何时柳杏竟已盛放,仿佛要报答这美妙的音乐一般。见此情景,玄宗笑着对身边的人说:"你们看,这事情多么神奇啊,难道不该称我为老天爷吗?"

◎ 杏花

懂音乐的花木可不只柳杏而已，娇艳秀丽的虞美人也是这方面的行家。北宋沈括的《梦溪笔谈》中记载了这样一则故事。

相传四川有一种虞美人草，只要有人在它边上演奏《虞美人曲》，它就会摇动枝叶，而演奏别的音乐时则一动不动。有一位名叫桑景舒的奇人，十分擅长音律，他听说了这件事后就到当地试了试，发现虞美人的反应果然跟传言所说的一模一样。这奇特的现象引起了桑景舒的兴趣，他认真研究了《虞美人曲》，之后决定再进行一次试验。

几天后，桑景舒又到了虞美人边上，弹奏了另一首与《虞美人曲》的旋律完全不一样的歌曲，没想到，那虞美人竟然随音乐声翩然舞动起来！这就奇怪了，与《虞美人曲》明明毫不相似的音乐，虞美人为什么会有反应呢？原来，桑景舒经过仔细研究，发

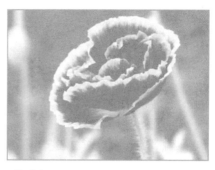

◎ 虞美人

◎ 虞姬像

现《虞美人曲》是典型的吴地之曲,于是他也用吴音制作了一首歌曲,虽然与《虞美人曲》旋律不一样,但在创作律法上二者是相通的。所以,虞美人能够识别的其实是吴音,而非某首特定的歌曲。

虞美人得名于楚霸王项羽的宠妃虞姬。这位颇有气魄的奇女子于项羽兵败垓下之时,拔剑自刎,以激励项羽的斗志。她死后,冢上开满了鲜艳的红花,后人认为那是虞姬的化身,便将之称为"虞美人"。这么一联系,那听到吴音就能感应的虞美人草,恐怕是对那位于吴中起义的西楚霸王项羽念念不忘吧!

花草树木与人之间真的能如此心意相通吗?因为爱花的缘故,古人宁愿相信花是有灵性的,倘若真心善待花木,花木一定能有所感知。宋代神宗皇帝就曾经历过一件花木有灵性的奇事。

宋元丰年间,皇宫中种植着四棵名为鸭脚子的果树,每棵都有两臂合抱那么粗壮。其中三棵位于翠芳亭的北边,每年都能收获不少果实,然而枝叶过于繁茂,地方又狭小,没什么可供玩乐的场所;另一棵种在太清楼的东边,占地十分空旷,适合一边观赏果花,一边游玩,可是却从来没有开过一朵花,结过一个果子。

一次,宋神宗经过太清楼,看到那棵无果之树,不禁感叹道:"人在这世上总会有许多不顺心的事情,就像这棵树一样啊!"大概那时候神宗皇帝正有些心烦,所以触景生情吧,但他仍不忘告诫照料花木的园丁要好好善待这棵树。谁知第二年,意想不到的事情发生了,这棵向来无果之树竟然鲜花怒放,并且结了好些果子。神宗知道此事以后非常高兴,立即命人在树边设宴,并将所结之果分予侍从,与之同乐。

这件事情记载在北宋何远的《春渚纪闻》中,作者记载的态度十分严肃,采用的是史家笔法。也许在他看来,发生这样的事情绝不是巧合,花木一定是感知到皇帝的心情才有所反应的。正是出于这种万物有灵的价值观,古人才能视花为美人,视花为君子,才能将自己的感情毫无保留地倾诉给那些花花草草。我们的花文化,也正是这样一点一点发展起来的。

暂借咏花以抒怀

在以花卉为题材的文学艺术作品中,作者常常将自己的情感投射进创作的对象之中,故咏物诗总是多寄托之意。借助文学艺术的形式,古代士人们抒发自己的情怀、表达自己的情感,也留下了许多传世名作。

似花还似非花,也无人惜从教坠。抛家傍路,思量却是,无情有思。萦损柔肠,困酣娇眼,欲开还闭。梦随风万里,寻郎去处,又还被莺呼起。

不恨此花飞尽,恨西园、落红难缀。晓来雨过,遗踪何在?一池萍碎。春色三分,二分尘土,一分流水。细看来,不是杨花,点点是离人泪。

苏东坡的这首《水龙吟·次韵章质夫杨花词》可谓是咏物词史上"压倒古今"的名作。这是一首和韵之作,和的是苏东坡之好友章质夫咏柳花的《水龙吟》。两词作看似主题不同,其实说的是同一样事物——柳絮。当年隋炀帝开凿运河时,曾命人在河岸边广种柳树,并御赐其杨姓,故后来便将柳树称为"杨柳"。而柳花亦被叫作"杨花",其实都是柳絮的别称。杨花虽然名为花,但它既没有艳丽的色彩,也没有醉人的，跟人们印象中的一般花卉不大相同，因此，词人才在词的开篇说它似乎是花，却又似乎不是花。落花总是会让人感觉有些惋惜的，可这似花又非花的杨花，无论怎样飘零飞尽，也没有谁会在意，最后只能两分归于尘土，一分归于流水，无声无息地消逝在这世上。

◎ 杨花

这首词的主旨就在叹息杨花的飘零身世，在写花之中，又夹杂描绘了一位思妇的形象，一时让人难以分清究竟是在写花，还是写人。末句"细看来，不是杨花，点点是离人泪"更是匠心独运，将那飘零的杨花比作离人的泪水，将离别的伤情渲染得淋漓尽致。据说这首词创作于苏东坡因"乌台诗案"被贬黄州的第二年。彼时词人正仕途坎坷，不但遭人诬陷而受牢狱之灾，更被迫离开亲友，在黄州担

◎ 徐渭像

任一个并无实权的官职。心灰意冷的词人，就好似那漂泊的杨花，是一个孤单的离人。正因为有这样感同身受的遭遇，苏东坡才能借物以寓性情，将物之属性与人之心情毫无痕迹地融合在了一起。

除了文学之外，绘画也是古代士人寄托自己情怀的手段之一。明代著名文学家、书画家徐渭是一位时代的"孤独者"。民

间有许多关于他的传说，多是关于他的聪明才智，以及捉弄官员的事迹等。在现实生活中，徐渭的为人也很有争议性，他曾经做过官，后在政治事件中受到牵连，发了疯；结果因为杀了自己的妻子，在监狱中待了七年，经朋友营救才出狱。这样的一个人，很有些"狂士"的色彩，而他的画，也像他的为人一样不拘小节。他画画的速度很快，并且常常喜欢使用泼墨的手法，将大摊的墨汁泼洒在纸上，再涂抹开来，画风非常大胆而自由。他画花卉，仿佛是在宣泄自己的感情，乍一看，似乎只是一团团墨汁和线条，细细观赏，才发现那些花花草草都充满着情感。他画

◎ 徐渭《菊竹图》

的菊、竹，都是他孤傲个性的写照；他画的芭蕉、葡萄，仿佛是泪水点点，满是忧愤。

　　"芳树无人花自落，春山一路马空啼。"唐代诗人李华的《春行即兴》借花落无人知抒发自己仕途坎坷的感慨，字里行间透露着一种深深的孤独。古往今来那些孤独的文人，当他们在异乡、在逆境，在无人处、在伤心时，幸好还有默默开放的花朵

能够相伴。趁着怅惘的夕阳，或是清冷的月光，不如小酌片刻，吟吟诗、作作画，"暂凭杯酒长精神"，暂借咏花以抒怀吧。

🌀 落红不是无情物

◎ 蒋兆和《龚自珍诗意图》

"居庙堂之高则忧其民，处江湖之远则忧其君"，心怀天下的古代士人们，无论身在何处，始终将国家与人民挂在心头。清道光时期的诗人龚自珍因厌恶黑暗的官场，辞官离京返回家乡杭州，于途中创作了一组《己亥杂诗》，其中最有名的是第五首：

浩荡离愁白日斜，吟鞭东指即天涯。落红不是无情物，化作春泥更护花。

在这首名作中，诗人将自己比作落下枝头的红花，表明自己虽然辞官，但仍然会继续关心国家的命运，为国尽心尽力。龚自珍是这么说的，同时也是这么做的。在鸦片战争爆发后，他曾多次给驻防上海的江西巡抚梁章钜写信，表明自己对国事的看法，并表达了希望加入梁的幕府的愿望。可惜诗人年仅五十岁就英年早逝，最终没能实现他为国为民的社会理想。

朝代更迭之时，往往是文学艺术兴盛之时，那些被称为前朝遗老的爱国文人，面对国破家亡，只能将自己满腔的爱国之情倾注进文艺创作之中。而美丽如花，自然是他们喜爱采用的题材之一。

南宋灭亡之后，北方的蒙古人占领了中原，建立了元朝。由于元政府不重视文人，许多文人只能选择退隐山林，将忧愤的心情通过吟诗作画的方式表达出来。郑思肖就是其中的一位。

郑思肖的原名不详，宋亡后，他立志效仿伯夷、叔齐不食周粟，不肯臣服于元政府的统治，自称"孤臣"。"思肖"的意思其实是思"赵"，因为赵是宋的国姓，而肖又是繁体字赵的构成部分，所以郑思肖给自己改了这个名字，而又取"忆翁"和"所南"为字号，都包含着怀念赵宋的意思。郑思肖还把自己的居室题为"本穴世家"，如果将"本"下的"十"字移入"穴"字中间，就成了"大宋世家"。

郑思肖尤善画兰花，但在宋亡之后，他画兰都既不画根，也不画土。旁人感到非常奇怪，就询问他这样做的原因。郑思肖悲痛地说："国家的土地已经被他人夺走了，你难道不知道吗（地为番人夺去，汝不知耶）？"他还有一首咏菊花的名作，其中"宁可枝头抱香死，何曾吹堕北风中"两句，通过歌咏宁愿枯死枝头，也绝不被北风吹落的孤傲菊花，表达了自己不屈不移、忠于故国、绝不向元朝投降的决心。

失去国家的文人，就好像是没有了根的花卉一样，郑思肖的这种沉痛心情恐怕只有有过同样遭遇的人才能感同身受吧！郑思肖的高尚节操

◎ 郑思肖《墨兰图》

29

◎ 八大山人《古梅图》

很为后代的文人所敬服,由明入清的画家"八大山人"朱耷在明亡之后削发为僧,画了一幅《古梅图》,题诗中有一句"梅花画里思思肖"就表达了对郑思肖的效仿。这幅《古梅图》也像郑思肖画的兰花一样,不画坡土。梅树的主干空心,虬根露出,光秃秃的枝干上几朵梅花寥落地盛开着,一副劫后余生的模样,正暗含着明朝国土被清人抢夺的意味。"墨点无多泪点多",这是朱耷对自己绘画风格的总结,他所画的梅花,正承载了他沉重的亡国之悲。

第四节 年年岁岁花相似,岁岁年年人不同
——花的寓意

花开有花期,花事更迭本身就蕴含着一种时间的寓意,这种寓意又首先表现在对时令的传达上。春天总给人以生机勃勃之感:"忽然一夜清香发,散作乾坤万里春"(王冕),这是早

春的梅花；"竹外桃花三两枝，春江水暖鸭先知"（苏东坡），这是迎春的桃花；"燕子不归春事晚，一汀烟雨杏花寒"（戴叔伦），这是沐春雨的杏花。春天的气息似乎总是让人欢喜的："春风得意马蹄疾，一日看尽长安花。"（孟郊）春日花开，对于人们而言，就好似一种生命的希望。可是春天如此短暂，春花总有凋零的一天，这时，花的时间寓意中就多了一层关于生命的感伤。

唐代诗人刘希夷的《代悲白头翁》就通过花事与人事变迁的对比，表达了对时间的理解：

> 洛阳城东桃李花，飞来飞去落谁家？
> 洛阳女儿好颜色，行逢落花长叹息。
> 今年花落颜色改，明年花开复谁在？
> 已见松柏摧为薪，更闻桑田变成海。
> 古人无复洛城东，今人还对落花风。
> 年年岁岁花相似，岁岁年年人不同。
> 寄言全盛红颜子，应怜半死白头翁。
> 此翁白头真可怜，伊昔红颜美少年。
> 公子王孙芳树下，清歌妙舞落花前。
> 光禄池台文锦绣，将军楼阁画神仙。
> 一朝卧病无相识，三春行乐在谁边？
> 宛转蛾眉能几时，须臾鹤发乱如丝。
> 但看古来歌舞地，唯有黄昏鸟雀悲。

诗歌由一位少女叹息落花开篇，表达了对春光将逝的感慨。春光固然美好，就好似美人的容颜，但时光易逝，青春易老。似乎一转眼，常青的松柏就要化为枯柴，桑田也会变成沧海。自然的美景年复一年，可是人儿却一年年地老去了。当年意气风发的"红颜美少年"，如今只是一个病恹恹的"白头老翁", 无人理睬; 当年行乐快活的歌舞场所, 如今也只有鸟雀于黄昏时分悲啼几声了。

除了时间寓意, 不同的花卉往往还有不同的象征含义。我国的花文化源远流长, 而由花卉所代表的寓意, 则渗透到人们日常生活的交际之中, 是中华文明中重要的文化符号之一。

花中自有手足情

在以家庭为单位的中国古代社会中, 人们极重视"孝悌"二字。其中, "孝"表示对父母孝顺, "悌"则指对兄弟友爱。从古至今, 中华民族一直强调手足之情。而在传统文化中, 有一种花卉正是这种宝贵情感的代表, 那就是紫荆花。

在南朝吴均编撰的志怪小说集《续齐谐记》中, 记载了一件关于紫荆树的奇事。

◎ 紫荆花

相传汉代京兆(现陕西长安)有一户田姓人家, 兄弟三人商议分家, 要将家中的所有财产平均分成三份, 每人一份。其他财物都好办, 唯有院子中的一棵紫荆树不好均分。经过讨论, 田家兄弟决定将这棵紫荆树劈开, 分成三片。

第二天, 三兄弟拿上工具, 准备按计划劈开树木。谁知到树前一看, 昨天还好端端的紫荆树, 竟然在一夜之间枯死了, 那样子就像被大火烧过一样。老大田真看到这情景, 既惊讶又感慨, 他对两个弟弟说:"这棵树本来是完整的, 大概是因为听说我们要把它劈开成三片,所以才憔悴至死吧!我们三兄弟本是一家人,如今却要把家一分为三,作为人的我们真是连这棵树都不如啊!"说完,田真悲伤得不能自已,两个弟弟也感到十分惭愧。三兄弟当下决定不再分家,再也不砍树了。这时,奇迹出现了,那棵枯死的紫荆树听到这一切,忽然又死而复生,开出了美丽的紫荆花。三兄弟见此景,深受感动,更下定决心从此相亲相爱。家和万事兴,后来,三兄弟齐心协力,一起治理家业,田家也渐渐越来越富裕,最终成了"孝门"。

这个故事流传开来以后,紫荆树便有了一个别称——"兄弟树"。古人常会在院子里栽几棵紫荆树,来告诫自家的子女兄弟姐妹之间一定要团结友爱。唐代大诗人李白亦曾在他的《上留田行》一诗中以此事为典故,来讽刺肃宗兄弟不睦:"田氏仓卒骨肉分,青天白日摧紫荆。"而韦应物的《见紫荆花》则借写紫荆表达自己对亲人的思念:

杂英纷已积,含芳独暮春。还如故园树,忽忆故园人。

故乡的那棵紫荆树还好吗?故乡的兄弟们,你们还好吗?诗人淡淡的笔墨之间蕴含着无尽的温情,令读诗之人也不禁要燃起想家的炽情了。

同样与家庭相关的还有代表母亲的萱草。古人常将父亲居住的地方称为"椿庭",而将母亲居住的地方(多于北堂)称为"萱堂"。萱草还有个名称为"忘忧草",故古代每当游子要离开家的时候,就会在母亲居住的北堂附近种上萱草,希望这样能减轻些许母亲对自己的思念。唐

◎ 萱草花

代诗人孟郊的《游子吟》非常有名,实际上他还作有一首《游子诗》:

> 萱草生堂阶,游子行天涯。慈母倚堂门,不见萱草花。

诗中将萱草与母亲紧密地联系在一起,表达了慈母对游子深沉的爱与游子对慈母无限的思念。萱草春天枝叶翠绿,夏天花朵艳丽,十分惹人喜爱,故古代许多文人都曾以萱草花的茂盛来寄托希望母亲健康长寿的美好愿望。如宋代著名理学家朱熹的《萱草》,取萱草忘忧之意,希冀母亲晚年无忧:

> 春条拥深翠,夏花明夕阴。北堂罕悴物,独尔淡冲襟。

元代诗人王冕亦曾直接将对母亲的祝愿寄托于萱草花:

> 今朝风日好,堂前萱草花。持杯为母寿,所喜无喧哗。

父慈子孝,兄友弟恭,这是古代中国人关于家庭的终极理想。花中自有手足情,在花文化的浸染下,亲情似乎也显得更加亲切而温柔了,不是吗?

紫薇花对紫微郎

节庆时分,中国人常会在家中摆花几盆以示喜庆,而此时花卉的选择也是有讲究的。在诸多寓意吉祥的花木中,代表士大夫的紫薇花尤受古代文人之重视。

◎ 紫薇花

紫薇实际上有红色、紫色、淡红色、白色四个品种,但古人认为紫色的紫薇花最为正宗,故将之称为“紫薇”。紫薇花与紫微星垣同音,字形也相似。而从汉代开始,"紫微"一词就常用来比喻人世间帝王的居住地,也就是皇宫。作为政权的中枢部门,唐朝的中书省设在皇宫内部,故开元年间,朝廷将中书省改称为"紫微省",长官中书令则称为"紫微令"。紫微省成立之后,天真烂漫的紫薇花因其谐音而被广泛种植于省内。虽然短短几年之后,朝廷又恢复中书省的称呼,而将"紫微"这一名称废止,但娇美的紫薇花却已在皇宫之中广泛地种植开来。至此,紫薇花与士大夫、与官职之间的关系也逐渐地确立起来。

历史上一些曾任职于中书省的文人,都被冠以"紫微"(或"紫薇")之称。唐代著名诗人杜牧曾当过中书舍人,又曾作一首名为《紫薇花》的诗以自喻,当时人都称其为"杜紫薇";南宋诗人吕本中也曾供职中书省,他的一部诗话著作就因此题为《紫微诗话》;同样担任过中书舍人的白居易亦有《紫薇花》一诗,诗中将自己称为"紫微郎":

> 丝纶阁下文章静,钟鼓楼中刻漏长。独坐黄昏谁是伴?紫薇花对紫微郎。

宋士大夫沿袭唐风,仍然喜欢在堂前种植紫薇花,这时紫薇花又有了一个雅致的别称——"满堂红"。这个吉祥的别称及其本身与官职的密切关系,进一步使紫薇花象征功名的寓意深入人心。宋王十朋有《紫薇》一诗:

> 盛夏绿遮眼,此花红满堂。自惭终日对,岂是紫微郎。

夏日盛开的紫薇花十分鲜艳,一种喜庆、吉祥的气氛扑面而来。然而诗人笔锋一转,写自己虽然终日面对象征功名的紫薇花,却始终没有当上紫微郎,心里感到十分惭愧。

古代读书人往往将求取功名、进入仕途作为人生的唯一理想,因此,紫薇花受到喜爱也是理所当然的了。除了紫薇花以外,与功名有所关联的还有杏花和桂花。相传孔子讲学的地方叫"杏坛",而每年二月杏花开放时节,正是古代进士科考之时。在殿试中考中之人,皇帝会亲自赐宴于"杏园"以示庆贺,因此杏花又有"及第花"的别名。古代科考有春秋两试,杏花盛放于春试之时,而桂树则于秋试前后开花,古人因此也将中试称为"折桂",寓意仕途飞黄腾达。

在传统文化中,还有一些花卉也寓意吉祥。例如,菖蒲开花为大吉之兆,象征将有贵人降临。《梁书》中记载太祖张皇后曾看见院中菖蒲花开,光彩照人,那光芒似乎非人世间所有。她惊讶地问身边的人是否也看见了那光芒,身边的人却都说没看见。张皇后想了想,笑着说:"听说见到菖蒲开花的人会大富大贵呀!"随后她取菖蒲花吞服,当月就生下高祖皇帝。

◎ 菖蒲花

紫薇娇艳、菖蒲花开其实都只是自然现象,古人将其寓以吉祥之意,实际上表达了一种对美好生活的向往之情。在盛放的花儿的激励之下,人们更努力在人生路上前进,坚信远大的前程就在不远处,这才是中国古人与吉祥花语之间绵延不绝的关联。

坚贞不移看苏铁

相传很久以前,一个人抓住了一只美丽的金凤凰。回家后,他把金凤凰关在笼子里饲养,并喂它最好的食物,希望有一天金凤凰能像孔雀开屏一般展开羽毛让他欣赏。可是那只金凤凰非常倔强，不愿成为人类的玩物，不管那人用什么样的方法，它就是不肯展开羽毛。最后，那人终于失去了耐心，一气之下将金凤凰一把火活活烧死了。谁也没想到的是，在大火过后，灰烬之中竟然长出了一棵小树。

这就是关于"铁树"名称由来的传说，而缘因此传说，铁树又被称为"避火树"。铁树的树干像铁一样坚硬，在中国传统文化中，它象征着一种坚贞不屈的铁汉个性。

◎ 铁树

在中国北方地区，铁树每隔六十年才开一次花，因此有了"铁树开花"这一成语，用以形容非常难以实现的事情。铁树又称"苏铁"，这一名称得自宋代大文豪苏东坡。

苏东坡晚年仕途坎坷，为奸臣所害，一贬再贬，最后被贬到与大陆隔离的海南岛上。那时的海南岛，基本还是个未开发的蛮夷之地，不仅气候难以忍受，甚至连文人生活的基本食宿条件都不能满足。朝廷中的奸臣传话给苏东坡："除非铁树开花，否则你别想从海南回来了。"

尽管条件艰苦，苏东坡仍

◎ 苏东坡像

然保持着乐观向上的心态,与当地居民建立了良好的友谊。加上他本来就颇负盛名,当地百姓都十分敬重他。有一天,邻居的一位老人家让两个小伙子抬了一棵盆栽送给苏东坡。苏东坡没见过这种植物,便询问老人家它的名称。老人告诉他那正是铁树,还说了金凤凰坚贞不屈最终被火烧死变成铁树的传说。苏东坡这才恍然大悟,他看着铁树,心中感慨万千:"我苏东坡为人一向无愧于心。这棵铁树都不惧怕火焰焚身,我又何必担心奸臣的诬陷呢?"

从此以后,苏东坡愈加爱护这棵铁树,时时以它自勉。终于有一天,铁树奇迹般地开出了花朵。而不久以后,竟从朝廷传来了让苏东坡回京的诏令。

苏东坡回中原时,依然带着那棵铁树。从此以后,这种花木被人们称为"苏铁",以象征苏东坡在困境之中坚贞不移的个性。

第二章

日常生活中的花文化

　　爱美者戴花于发间，文人插花以修身养性；无论贵贱，人人都爱看花、赏花；花卉进入民间饮食文化……雅致中带着些寻常烟火气息，世俗里又多了点情趣，这就是日常生活中的花文化。

第一节　一朵佳人玉钗上
——古人戴花

　　除了观赏价值，花卉还有非常重要的装饰价值。早在汉代，女子戴花的风俗就已经出现，至唐宋则大盛。古人又将戴花称作"簪花"，唐人喜爱牡丹，唐代的贵族妇女有一种时髦的发型名曰"簪花高髻"，就是将头发分层梳成高髻，髻旁插上玉簪，髻前再插一串珠步摇，最后于发髻顶部戴上牡丹花等花卉。前言中提及的周昉《簪花仕女图》中的贵族妇女所梳的就是簪花高髻。

　　发间戴花一两朵，最能突出佳人之美，唐代诗人杜牧有诗《山石榴》：

　　似火山榴映小山，繁中能薄艳中闲。一朵佳人玉钗上，只疑烧却翠云鬟。

　　"山石榴"其实是杜鹃

◎ 杜鹃花

花的别称,而"小山"则指小山眉。一朵火红的杜鹃花插在玉钗之上,映照着美人弯弯的眉毛,那颜色鲜艳得仿佛一团火焰,简直要将女子的美发都烧着了。这样的比喻似乎有些夸张,却又极其生动,花儿经诗人几笔勾勒,就活生生地展现在读者面前;而红花映美人,女子的美好容颜也被淋漓尽致地描绘出来。或人或花,都充满着生命力,毫无保留地在晴日之下释放自己的美好,难怪能令观者在繁忙的世事中感知到一丝清闲呢!

🌀 更烦云鬓插琼英

古时候,苏州、扬州一带的女子尤其喜欢簪花于首,当时人称其为"鬓边香"。有些富裕的大户人家,甚至会雇用固定的花农,每天清晨送鲜花到户,以备家中女子早晨梳妆打扮之用,这种行为叫作"包花",通常一月结一次花钱。

当时女子所戴之花品种繁多,新鲜的应季花卉都可以插戴,不过,其中最受南方女子欢迎的,莫过于盛放于夏季的茉莉花了。

◎ 茉莉花

宋人周密所编《武林旧事》即曾载彼时戴茉莉花风俗之盛:

　　都人避暑……而茉莉为最盛,初出时,其价甚穹,妇人簪戴,多至七插,所值数十券,不过供一晌之娱耳。

　　只不过为了一晌的美

丽,妇人们甘心花费"数十券"购买茉莉花簪戴,其喜爱佩戴茉莉之情真是可见一斑。而清人王初桐所编《奁史》中转载《板桥杂记》的记录,则同样记载了当时女子争先购买茉莉的情景:

> 裙屐少年,油头半臂,至日亭午,则提篮挈榼,高声唱卖茉莉花。娇婢卷帘摊钱争买。顷之,乌云堆雪,竟体芳香矣。

这段文字向我们展示了一幅生动的南国夏日民俗图:正是盛夏正午,卖花的少年顶着烈日,即使穿着短袖衣服,依然大汗淋漓。就是在这样炎热的天气中,他叫卖茉莉花的声音引来无数女子,她们急急忙忙地掏出钱来,只为挑那开得最美的茉莉花。不一会儿,人人的乌黑发髻上都戴上了雪白的茉莉花,芳香的气息顿时弥漫开来。

曾被贬至海南岛的大文豪苏东坡也注意到了当地女子喜爱佩戴茉莉的习俗。据传,有一次他觉得黎族女子头上戴着茉莉花、嘴里嚼着槟榔的样子很有意思,便作诗戏言"暗麝着人簪茉莉,红潮登颊醉槟榔",将黎族女子独特的风韵生动地表现了出来。

清人李渔曾在其著作《闲情偶寄》中感慨道:"茉莉一花,单为助妆而设,其天生以媚妇人者乎!"可见茉莉花在女性中受欢迎程度之高。而其之所以受到女性的青睐,成为戴花之首选,与它雪白的花瓣、芬芳的香气密不可分。夏秋之交,往往天气炎热,洁白如冰雪一般的茉莉花香气清新,常常能给人一种清凉的感觉。宋代诗人范成大的诗句"燕寝香中暑气清,更烦云鬓插琼英",就将美人头上的茉莉花与解暑消夏联系在了一起。

二十世纪四五十年代,著名军旅作曲家何仿将采自于南京六合一带的民歌汇编整理成一曲《茉莉花》。这首朗朗上

口的民间小调,恰如其分地将女子喜爱佩戴茉莉的心情表达出来,至今仍然流行于大江南北:

好一朵茉莉花,好一朵茉莉花,满园花草,香也香不过它;我有心采一朵戴,看花的人儿要将我骂。

好一朵茉莉花,好一朵茉莉花,茉莉花开,雪也白不过它;我有心采一朵戴,又怕旁人笑话。

好一朵茉莉花,好一朵茉莉花,满园花开,比也比不过它;我有心采一朵戴,又怕来年不发芽。

菊花须插满头归

清人赵翼在《陔余丛考》中曾言:"今俗唯妇女簪花,古人则无有不簪花者。"所谓"古人"者,指的是明清以前的人。南宋诗人陆游有诗《小舟游近村舍舟步归》:

不识如何唤作愁,东阡南陌且闲游。儿童共道先生醉,折得黄花插满头。

诗人在乡间闲游逛荡,兴致来时,就随手摘些花朵插在头上。可见彼时,不仅女性爱戴花,男子也有簪花的习惯。实际上,这种风气早在唐代就已经开始了。

唐宋时期男子戴花的现象大约源于重阳节插茱萸的习俗。古人习惯在重阳节头戴茱萸以辟邪,当然,最初簪插茱萸的应该只有妇女与儿童,但到了唐代,这一现象发生了转变。唐诗中有许多反映男子于重阳插茱萸的诗句,如李白的"九月茱萸熟,插鬓伤早白",王昌龄的"茱萸插鬓花宜寿"等。

除了茱萸,许多唐人还会在重阳节这一日以菊花簪首,杜牧《九日齐山登高》中"尘世难逢开口笑,菊花须插满头归",郑谷《重阳夜旅怀》中"强插黄花三两枝,还图一醉浸愁眉"等诗句都明确地表明了这一信息。

男子戴花的习俗大盛于宋代。宋人王观在《扬州芍药谱》中曾言："扬之人与西洛不异,无贵贱皆喜戴花。"确实,在宋代的许多地方,男女老少都喜欢戴花,特别是游春时节。苏东坡任职杭州期间,有一次设春宴于吉祥寺。吉祥寺的牡丹花十分有名,当时正值花期,席间人人都头戴牡丹花。在《牡丹记叙》一文中,苏东坡就记载了当时的盛况:"自舆台皂隶皆插花以从,观者数万人。"他还写有"人老簪花不自羞,花应羞上老人头"(《吉祥寺赏牡丹》)的名句,表示无论什么年纪,人人都有爱美之心。

还有不少宋代文人也记录了当时无论男女皆爱戴花的习俗,邵伯温的《邵氏见闻录》就描绘了游春之人的簪花盛况:

岁正月梅已花,二月桃李杂花盛开,三月牡丹开。于花盛处作园围,四方伎艺举集,都人仕女载酒争出……抵暮游花市,以筼笼卖花,虽贫者亦戴花饮酒相乐。

真是好一个热闹场景!在这样的时候,无论贫富,无论长幼,人人都能够尽情地享受美好春光,真应和了曾巩"花开日日插花归,酒盏歌喉处处随"中所描绘的快乐呀!

唐宋两代出现男子簪花的现象,也许与皇帝的喜好有些关系。据传,一次唐玄宗于春日游宴,学士苏颋赋诗助兴,其中有一句"飞埃结红雾,游盖飘青云"颇得圣心。于是,玄宗便赐花一朵

◎ 唐玄宗像

以示奖赏,并亲手将之插在苏斑的头巾上,旁人都羡慕不已。

还有一次,汝阳有个叫王琎的艺人在玄宗面前戴着用研光绢制成的舞帽演奏曲子,玄宗亲自摘了一朵红槿花放在他的帽子上。王琎不慌不忙地演奏了一首《舞山香》,直到曲终之时,帽子上的花都不曾坠落。唐玄宗见此情景,开心地大笑起来。这大约开了男子以花为头饰的先河吧。

《宋史·礼志》中也记载了宋代皇帝于上巳、重阳两大节庆赐花的仪式:

> 酒五行,预宴官并兴就次,赐花有差。少顷戴花毕,与宴官诣望阙位立,谢花再拜讫,复升就坐。

根据记载,不同官职所赐花卉不同,但所赐之花都须戴

◎ 宋真宗像

上,代表接受朝廷的赏赐,这也进一步推动了宋代男子戴花的流行。除了这样固定的仪式,宋代皇帝随兴致赐花于大臣的现象也较唐代更为频繁。宋真宗就曾多次赐花于臣。有一次,名臣寇准侍宴,真宗特地命他戴上千叶牡丹,并笑言:"寇准年少,正是赏花吃酒时也。"

还有一次,真宗要去泰山进行封禅大典,命陈尧叟、马知节留守都城。留守都城可是重任,行前,真宗特意在宫中宴请两人。而凑巧的是,席间陈、马二人与真宗竟然都戴着牡丹花。真宗一边笑谈这巧合,一边令陈尧叟摘掉头上的花,并出人意料地将自己头上的

那一朵牡丹簪插于陈之发间。真宗这么做，主要是为了表达对大臣的重视之意。

男子簪花在宋以后就渐渐衰落了。总的来说，其簪花多为节庆、为礼仪，或取吉祥之意，但也有装饰的意思。古人常以鲜花比美人，而唐时也有人以花比男子。据《资治通鉴》记载，当时有人称赞武则天宠臣张昌宗的美貌："六郎面似莲花。"内史杨再思表示不赞成这种看法，张昌宗就问他为什么，杨再思回答道："乃莲花似六郎耳。"今人有"花样男子"的说法，原来古人早就这么用了。

四相齐簪"金缠腰"

所谓"洛阳牡丹，扬州芍药"，扬州的芍药花是非常有名的。宋仁宗庆历五年，韩琦任扬州太守。有一天，官署花园里的一枝芍药花分为四杈，每杈各开了一朵花。这四朵花的模样很特别，花瓣上下都是红色，中间却有一圈金黄蕊。这一品种的芍药花名为"金缠腰"，不仅十分美丽，而且据传言，只要此花一开，城中就要出宰相。当时扬州的芍药花虽多，却还没有这一品种。

◎ 金缠腰

◎ 黄淡如《四相簪花图》

韩琦虽对花开之异事感到十分惊讶,但得闻传言,心中也有几分欢喜。他决定举行一场宴会,请三位客人一起观赏这奇特的芍药花,顺便也应应这花的祥瑞之意。当时,同于大理寺供职的王珪、王安石两人正好在扬州,韩琦就邀请了他们俩。还少一位客人,韩琦便邀请了一位钤辖诸司使,权充四人之数。谁知第二天早晨,那位钤辖诸司使忽然身体不适,不能赴宴,韩琦只好急忙派人打听有没有沿路经过的朝廷官员。碰巧大理寺丞陈升之路过扬州,听说此事之后,欣然接受了韩琦的邀请。

这回四人之数总算齐整了。他们一边赏花,一边饮酒,随意谈笑着,气氛十分融洽。等喝到酣畅时分,四人剪下四朵开得正好的"金缠腰",各自簪戴在头上。当时这也只是趁一时之兴致的行为,谁能想到,在随后的三十年里,四位戴花之人竟然都相继成为宰相,还真应了民间关于"金缠腰"的传言了!

这件奇事被北宋文人沈括记进了《梦溪笔谈·补笔谈》之中,从此,"四相簪花"渐渐成为后代文人所津津乐道的传奇了。

干花　绒花　仿真花

　　鲜花自然是簪花之首选,然而,花开有时,不是所有季节都有丰富的鲜花可供簪戴选择。因此,智慧的古人也想出了一些应对方法。比如冬日花少,宋代的妇女会在春末收集一些盛开的荼蘼花,夹在书页之中,等到冬天来了,将干花簪于发间,这种荼蘼干花还有个专门的名字——"花腊"。

　　除了干花,仿真花也是一些女性的选择。特别是明清时期,仿真花制作工艺十分精良。李渔在《闲情偶寄》里就记载了有的商家制作的仿真花不但成本低廉,而且手工精巧,惟妙惟肖,简直与真花没什么差别:

◎ 荼蘼花

　　近日吴门所制象生花,穷精极巧,与树头摘下者无异,纯用通草,每朵不过数文,可备月余之用。

　　到了近代,最受女性们欢迎的,则是绒花。这种装饰物以蚕丝为原料,纯手工制作,前后须经过十余道工序才能完成。李真的《广陵禁烟记》中就记述了扬州人喜戴绒花的盛况:

　　城里人家中有红白喜事或是逢年过节,妇女头上兴戴花,就戴这种绒花。……用丝绒花儿插在头上,既美观,又能表达意思。比如家中有人做寿,头上就插红寿字绒花;家中有人成婚,便插双喜绒花……制作非常精巧,形态十分逼真,花钱也少,可以放置几年不变色。

由于不同样式的绒花能够表达不同含义，因此较之真花，它反而更直白地传达出某些文化的信息。而无论戴真花还是戴绒花，戴花之人所求的，无非是一份美丽的好心情。爱美是一种天性，生命正因美丽而绽放。

第二节 莫将攀折为花愁
——文人插花

"插花"一词，最初的含义指的是本章第一节中所说的头上戴花的现象，如宋欧阳修在《洛阳牡丹记》中所说："洛阳之俗，大抵好花。春时城中，无贵贱皆插花，虽负担者亦然。"这里的"插花"，即指洛阳城中无论贫富贵贱，都喜欢戴花的风俗。

今日所谓"插花"，是指以鲜花为材料，置于瓶、盆等容器中水养，以作装饰、观赏之用途。中国古代这种插花艺术的产生，大约是受到南北朝时期佛前供花习俗的影响。《南史》中曾有记载："有献莲花供佛者，众僧以铜罂盛水，渍其茎，欲花不萎。"铜罂，是古时候一种小口大腹的容器，将莲花放置在容器之中水养，使花不枯萎，与今日插花的做法已经十分相似。宋代士大夫将挂画、插花、焚香、点茶合称"四艺"，作为文人雅士生活的重要内容。从此以后，插花艺术渐渐成为文人士大夫生活中不可或缺的一部分。

满插瓶花罢出游，莫将攀折为花愁。不知烛照香薰看，何似风吹雨打休。

插花必先折花，宋代诗人范成大的这首《春来风雨，无一日好晴，因赋瓶花》正恰到好处地将文人对于折花以插花这种行为的态度表达出来：虽是春日，室外却一直刮风下雨，不见一日好天气。这样的时候，诗人便不出外游玩，而是在家中欣赏那些精心插置的瓶花，感觉别有一番趣味。大概有人会认为瓶花遭人攀折十分愁苦吧，可在室内有温暖的烛光照着、柔和的香气熏着，比起在室外遭受无休止的风吹雨打，应当好上许多倍吧！

袁氏《瓶史》养插花

鲜花盛放于枝头，自然十分惹人喜爱，而文人将其攀折，插于瓷瓶之中，安放在室内，也使得鲜花获得了另一种生命。在中国古代，插花艺术不仅能够起到美化室内环境的作用，同时也是文人士大夫修养心性的重要手段。在插花艺术逐渐成熟的过程中，文人的创作主体性也一再增强。自然生长的花卉，经过独具匠心的择取、修剪、摆放，往往可以构成一个属于文人的独特的艺术世界。

倡导"性灵说"的明代文人袁宏道显然是位插花爱好者，他曾著《瓶史》一书，以极其优美灵动的文字，详细论述了瓶花的插法及相关注意事项。

工欲善其事，必先利其器。袁宏道认为，插花的器具非常重要，正如杨玉环、赵飞燕这样的美女不能居住在破旧的茅屋中一般，美丽的花朵也必须有精致的器具加以衬托，方可使审美效果达到最大化。

那么，什么样的器具适合插花呢？袁宏道曾见过江南人家所藏的一种旧觚,青翠入骨,气质上乘,真可称作"花之金屋"了,可遇不可求。而官窑中所产瓷器,体态细媚,光泽滋润,则可为其次之选,袁氏称之为"花神之精舍"。

　　总的来说,插花的瓶器以矮小为宜,无论是铜器还是窑器,插花者都须挑选那些形状短小的瓶器,这样才不易喧宾夺主,抢走花卉的风采。不过,袁宏道也指出,花卉的大小不同,瓶子大小也应适当调整,比如牡丹、芍药、莲花等花卉,本身形体就偏大,这时硬要将其装在矮小的瓶器中,就显得太局促了。

　　当时的文人插花喜欢挑一些古瓶器,对此,袁氏也有自己的见解。他认为,古瓶器插花不只是为了赏玩古瓶器,对于花卉本身的生长也是非常有益的:古瓶器在土中埋藏的时间比较久,故"受土气深",在这种"土气"的影响下,瓶中花卉的颜色鲜明得就好像还长在树枝上一般,花开得迅速而不易凋谢。

　　除了插花的器具,袁宏道还十分重视养花之水的品质。他主张多储藏梅雨季节的雨水,还记录下了储藏水的方法:瓮中储满水后,于其中投一块烧热的煤土,这样瓮中的水就能经年不坏,不但可以用来养花,也是烹茶的上佳选择。

　　瓶与水挑选完毕,接下来就是插花的实际操作过程。文人插花发展到明代,已经相当成熟,与绘画、文学之间的关系也十分紧密。袁宏道在论及插花过程时,即将插花与二者相联系。

　　他认为,"插花不可太繁,亦不可太瘦",最多不过两三种,得像绘画布局一般,注意花枝之间高低疏密的安排。他还提到,插花的"整齐",并非呆板地追求"枝叶相当,红白相配"这样形式上的对称,而应强调"参差不伦,意态天然",正如苏轼的文章、李白的诗歌,虽然表面上随意断续、不拘对偶,但其气质上浑然一体,这才是真正的"整齐"。无论是插花,还是文学,袁氏在精神追求上其实都是一致的。

花插得好固然重要,插花放置的地方同样也有讲究。为了突出花卉本身的美,袁宏道认为,凡是那些装饰得太过富丽堂皇的桌、床、瓶架之类,都不宜使用,只要一张阔厚而细滑的桌、一张藤床即可。如此虽极简,却能不俗而雅,为上乘之选。

当时许多人喜欢在插花附近焚香,袁宏道对此不太赞同。他以为插花旁边不宜焚香,就如同茶中不宜加果子的道理一样。茶本来有它的味道,加了果子反而将其破坏;花本身有它的香味,一旁熏香味道太盛,容易盖掉花香,倒显得俗气。更有一些娇弱的花卉,受不了熏香那燥热的香气,往往容易枯萎,这么一来,熏香反而成为伤花杀花的刀剑了。因此,袁氏将这种行为称之为"花祟",也就是花的灾祸的意思。

京城气候多变,常有风沙。刚刚窗明几净的室内,大风一过,便是尘埃遍地,而瓶中的插花也因而容易蒙上尘垢。即使是倾国的佳人,倘若垢面秽肤,美丽也减分不少,花卉也是一样道理。因此,袁宏道主张待花应像待人一般,每天都须给花沐浴。而沐浴的方法则是以清澈的泉水轻轻浇注花枝,就如同细雨、清露滋润一般。手法一定要轻柔,且不可以直接用手触碰花枝,以免对花卉造成损害。

讲究生活情调的袁宏道还给不同的花卉配备了不同洗浴者的建议,比如给牡丹、芍药沐浴的最好是妆容精致的妙龄女郎,给蜡梅沐浴的最好是清瘦的僧人等,读来也十分有趣。

《瓶史》一书,总的说来,就是讲究对瓶插之花要养护。只有养花者用心照料,花儿的生命才能尽可能地延长,花儿的光彩才能尽情地绽放,这是花儿的乐事,也是赏花之人的乐事!

闲情插花来记趣

折得寒香日暮归，铜瓶添水养横枝。书窗一夜月初满，却似小溪清浅时。

在宋代诗人晁公溯的这首《咏铜瓶中梅》中，铜瓶中之梅花与或浓或淡的月光交相辉映，一方书斋内，自然之美与文人的书卷气完美地融合在一起，意境极佳。古代文人爱插花，就是因为这小小的一尊瓶花让他们感受到生命的美好，带给他们无限的快乐。

除了袁宏道，清代文人沈复也"爱花成癖"，爱插花，"喜剪盆树"。他所著《浮生六记》中的《闲情记趣》一节就花了大段篇幅详细地记录了自己插花与养盆栽的心得，在古代爱花文人中很有代表性。

◎ 沈复像

瓶插在文人群体中流行，除了美观之外，也因为其操作起来比较方便，不像盆栽占地面积较大，而且对于种植技术的要求也比较低。沈复积累了不少关于瓶插的经验。他认为花瓶应该选择那些瓶口阔大的，这样瓶中的花枝方能舒展开来生长，创作者也比较有发挥的空间。对于花卉的选择，则每瓶花卉数目最好是单数，而不是双数；最好选择一个种类的两种颜色。

沈复强调插花"起把宜紧"。所谓"紧"，就是说花束不管是三五枝，或者几十枝，务必要使一束花在瓶口保持怒放的姿态，不可过于散漫，也不可过于拥挤，花枝要能不靠着瓶口就更妙了。这样设计,是为了使得插花能够主题鲜明,给人以眼前一亮的印象。

对于插花的风格,沈复认为可由创作者自己发挥,但摆花要参差相错,花朵中间缀以花蕊,以避免过于呆板僵硬的感觉。"瓶口宜清",即要保持瓶口的整洁印象,不要选择那些杂乱的叶子和枝干,用针的时候要注意隐藏,如果针太长,宁可折断,以免一眼望去,针针暴露在外,影响整体美感。

如果采用广口器皿插花,如盆、碗、盘、洗之类,则又有不同的注意事项。沈复提供的方法是先将漂青、松香、榆树皮,加以面和油研磨,用稻灰之火慢慢熬炼,使之收成胶状;然后倒入广口器皿中,让胶凝结在容器底部;接下来,以针穿铜片置于容器中,针尖朝上;再用油灯烘烤,使容器底部的胶体熔化,这样铜片就固定在器皿之中;等胶体再度冷却时,即可插花。

广口器皿插花时,应先将花用铁丝扎成一把,再插于铜片的针上,不要放在正中央的地方,稍稍偏斜更有意蕴。由于广口器皿本身占地面积大,花枝的摆放切忌拥挤,而应追求枝疏叶清,这样能使整个作品更显大气,也给观赏者留下想象的空间。当然需要注意的是,为了突出花卉的自然美,必须适当地抹去人为造作的痕迹。对此,沈复提出了一个好方法:在盆中加入水,再用一碗沙将盆底的铜片遮住。这样赏花之人就会感觉花好像是从盆底自然生长出来的一样。

在文章中,沈复还提到,与草本植物相对的木本植物(如竹枝等),因其根茎较为粗大,插瓶时又与一般花卉不同,要特别重视选材、剪裁,这一过程最好自己动手,因为旁人攀折的往往很难合意。选材时,先要将花枝执于手中,从各个角度仔细观察审视,以便选出最适宜造型的材料。选定插花的材料之后,还要剪去花枝上的杂枝,形态以疏瘦古怪为最佳,这样最能体现出木本植物的特质。

接下来,创作者则要思考如何将花枝入瓶为好,其中最重要的问题就是整体与局部的关系。如果先直接将笔直的花枝放进瓶中,必然会形成枝条繁乱、花侧叶背的整体效果,这当然会影响插花的审美效果。因此,在入瓶之前,创作者就应先选择好或折或曲的花枝,思考清楚如何搭配,再一齐插入瓶口。如果花枝本身的形态不太理想,则可以先行加工,或锯掉过长的部分,或将过直的部分搋弯,然后再进行搭配。有时花枝容易倾倒,沈复建议可以加上一两个小钉以便起到固定的效果。

除了花卉本身,沈复也十分注意瓶盆中其他景物的衬托效果。对于盆栽,他特别喜欢在盆中放置石子,有些精心设计之后竟成为假山之景。有一次,沈复家中的猫争抢食物,不小心碰倒一盆假山,盆中植物连同费心搭配的石子,全都倾撒在地。见此情景,沈复和妻子芸娘两人都伤心得掉下眼泪来,其爱惜之情,可见一斑。

至于瓶花,装饰之物则更加有趣。一天,芸娘对沈复说:"你的插花能够体现出风晴雨露的特征,可算是相当精妙传神了。不过,在画画的技巧中有画草虫的方法,你在插花时怎么不效仿呢?"

沈复觉得这个主意听着不错,但操作起来困难很大,便说:"可是虫在插花上是会跑来跑去的,这跟画画怎么一样呢?"

芸娘听了这话,想了想,有点犹豫地说:"我倒是有个办法,就是那么做有点罪过。"

"你不妨说说吧。"沈复说。

芸娘这才开口说:"虫子死了之后颜色不会变化,你可以捉些螳螂、知了、蝴蝶之类的昆虫,先用针把它们刺死,然后用细丝系住虫的颈部,再将它们绑在花草当中,整理好腿的姿态,有的抱着花枝,有的站在叶子上,就好像活的一样,这样不也很好吗?"

沈复听了这方法之后十分高兴,立刻照办,从此,他的瓶插作品中又多了一景——草虫。赏花的宾客见到这个巧思,没有一个不拍手称绝的。

第三节 寻芳不觉醉流霞
——赏花习俗

赏花之人,与被赏之花之间,其实常常会有一种灵犀一点通的默契。赏花之人看花,赞叹花儿的美好,念及生命的真谛,反思自己的人生,顺理成章;被赏之花绽放,遇见欣赏自己的知音,默默接受着无声的安慰,在心灵与心灵的交流中,完满一生。

赏花,有人愿意酒赏,"有花无酒头慵举,有酒无花眼倦开"——赏花的时候没有酒喝,脑袋昏沉得抬不起来;饮酒的时候没有花赏,眼皮疲倦得都张不开——对花饮酒,是一种张扬。也有人认为酒后神志不清、杯盘狼藉的景象是对花朵的不尊重,则更愿意茗赏,一边沏茶浅饮,一边评点时花——对花品茶,是一种风雅。但无论哪一种方式,都是在与花交谈:那些在花前品茶的,是愿意在尘世中保持清醒的灵魂;而那些在花下微酣的,则是放肆地陶醉的情感宣泄。

◎ 李商隐像

寻芳不觉醉流霞，倚树沉眠日已斜。客散酒醒深夜后，更持红烛赏残花。

李商隐的这首《花下醉》，诗题中就点出了饮酒赏花的主题。因为爱花，所以诗人怀着殷切的心情去"寻芳"，结果果然遇到心仪的花儿，不禁流连忘返，陶醉不已。"流霞"，既有浮动的彩云之意，又是神话传说中的一种仙酒。诗中的"醉流霞"一语双关，既指诗人因甘甜的美酒而醉，又暗喻绚烂的花朵灿若彩云，使人陶醉。

花儿迷人的姿态似乎增加了美酒的浓度，使赏花的诗人更加飘飘然；而些许醉意也使花儿的美艳又增添了几分。诗人醉眼看花，目眩神迷，忘乎其所在，竟在不经意间倚着大树陷入沉眠。一恍惚，日已斜，似幻若真的梦境中也满是醉人的花香。待醒来时分，已是深夜，花事阑珊，客人们都四处散去，酒也醒了大半。

夜深人静，独自一人的诗人忽然想到，白日那盛放的花朵，也许明日就将凋谢了吧。他惋惜，他感慨，于是，他持起红烛，抓住最后的机会欣赏那行将消逝的美好。即将凋零的残花，在红烛的照映下，更焕发出一种醉人的艳丽，那是生命在最后时刻用尽全力的潇洒。

游春共享赏花宴

瓶花固然美观,但在花儿盛放的好时节,爱花之人怎么甘心枯坐于家中,辜负大好春光呢? 这时,出外赏花、游宴就成了人们最常参与的活动。有些宴席因为流行程度高,甚至有了固定的名称,比如唐代的曲江宴和裙幄宴。

曲江宴是一种官方组织的游宴活动。唐代新科进士正式放榜的日子恰好在百花齐放的春日,新晋的进士们寒窗十年,此时金榜高中,正是意气风发,与春日生机勃勃的氛围十分契合。他们在谒见过主考官和宰相之后,一般会按照惯例在长安曲江附近举行宴集活动。因为举行宴会的地点一般都设在曲江岸边杏园的亭子中,所以曲江宴也叫"杏园宴"。有时皇帝也会亲临曲江宴,与新科进士们一边观赏繁花盛开的春日胜景,一边谈天说地、论古道今,潇洒非常。

曲江游宴中有一项非常著名的活动,即"杏园探花"。新科进士中年纪最轻的两人往往会成为"探花使",由他俩先行,其他进士紧随其后,各自驱马,游遍曲江附近乃至长安的各处著名园林,去

◎ 今日曲江(位于陕西省西安市)

寻觅新鲜的名花,并采摘回来供大家玩赏。一般的规矩是,最后大家返回杏园,检点所摘花卉,如果进士中有比"探花使"更早摘回名花的人,那么两位"探花使"就得受罚饮酒。

唐代诗人孟郊多次参加科考,屡试不中,最后终于在四十六岁之时进士及第,并与众进士一起参加曲江宴。那时候,孟

郊心中的欣喜之情自然是不言而喻的吧,他曾作《登科后》一诗,诗中就记录了曲江宴上杏园探花的情景:

> 昔日龌龊不足夸,今朝放荡思无涯。春风得意马蹄疾,一日看尽长安花。

年纪不小的孟郊应该是没资格角逐"探花郎"了,不过他仍然十分尽兴地参与了杏园探花的活动。春风得意的新科进士与长安城里盛放的繁花相呼应,正体现了蓬勃向上的盛唐气象。

除了曲江宴,唐代开元至天宝年间,在仕女们中间

◎ 孟郊像

还十分流行一种雅致有趣的"裙幄宴"。与曲江宴的主角是新科进士不同,裙幄宴的主角们都是女性。大约在三月三上巳节前后,长安的仕女们会趁着明媚的春光,约上三五闺中好友,坐着华丽的马车,带上侍从和精致的美酒佳肴,到野外选择一处视野好的地方郊游踏青。

参加郊游的仕女们经常会相互"斗花",即比赛谁佩戴的鲜花更美丽、更名贵。富家女子们为了能在"斗花"中拔得头筹,事先往往不惜花费重金购买名贵花卉。试想当时,锦衣华服的佳人们头戴名贵鲜艳的花朵,成群结队地穿梭在繁花丛中,与花儿们争奇斗艳,那动人的欢声笑语就洒在和煦的春风之中,这景象多么令人心醉!

游玩尽兴之后,仕女们就在花前摆开宴席。或清茗共赏,或小酌几杯,三三两两,席地而坐,仿佛今日的野餐。她们命

随从在四周插上竹竿,将罩裙联结起来挂在竹竿之上,权作临时的宴饮幕帐,以便遮蔽渐渐强烈起来的阳光。那些红的、蓝的、紫的"裙幄",映照着青翠的草地和碧绿的江水,更显得五彩缤纷、美丽非常。这就是"裙幄宴"得名的由来。

"裙幄宴"的事迹记载于《开元天宝遗事》,而书中还记载了另一则关于花宴的逸事。据说唐代有个学士名为许慎选,是个极爱赏花的人。每年春日时节,他都要在花圃里摆设露天宴席,邀请亲朋好友一同赏花。与他人所设宴席不同的是,不拘小节的许慎选从来都不陈设坐具。曾有人问他:"你既然设花宴邀请大家,怎么不设置坐具呢?"他笑着回答道:"我有天然的'花裀',何必再要那些普通的坐具呢?""裀"的意思就是坐卧的器具。原来,许慎选每次都事先让仆人收集花园里掉落的花瓣,铺在地上当坐垫,再请客人坐在那些花瓣上,这不正是天然的"花裀"吗?

同样风雅的花宴还有《诚斋杂记》中提及的"飞英会"。相传范镇范蜀公在许下居住的时候,建造了一个很大的厅堂,题匾额为"长啸",堂内能容纳十多个客人。长啸堂前种有荼蘼花,花开之时,范蜀公在花下宴请客人一同赏花。席间,大家相互约定,如果飞花落在谁的酒杯中,谁就要罚酒一杯。谁知正说笑着,忽然一阵微风拂过,花瓣纷纷飞落,席上客人的酒杯中都多了几片荼蘼花瓣,结果所有人只好一起举杯。古代有用"英"字指代花的传统,因此后人就将这次宴会称为"飞英会"。

〽 百花生日是良辰

除了平日赏花之外,古人还有过花朝节的习俗。花朝节,

61

简称"花朝",俗称"花神节""百花生日""花神生日""挑菜节",节期因时代、地域不同而说法不一。比如,晋人周处所撰的《风土记》一书有载:

> 浙间风俗言春序正中,百花竞放,乃游赏之时,花朝月夕,世所常言。

春序正中就是农历二月十五日,古人认为二月和八月是春天和秋天的中间,所以相对应地将二月半称为花朝,而八月半称为月夕。南宋吴自牧《梦粱录》中也说:

> 仲春十五日为花朝节,浙间风俗以为春序正中、百花争放之时,最堪游赏。

而清光绪《光山县志》则记载了河南光山一带过大、小花朝节的习俗:

> 二月二日,俗云"小花朝",十五日云"大花朝"。

清人汪灏的《广群芳谱》则分别援引《诚斋诗话》和《翰墨记》,记录了二月十二日和二月二日两种说法:

> 东京二月十二日花朝,为扑蝶会。

> 洛阳风俗,以二月二日为花朝节。士庶游玩,又为"挑菜节"。

这种现象的产生,应该与各地花信的早迟有关。

总的来说,花朝节在公历中的日期是三月份,大致在节气惊蛰到春分之间。这正是春回大地,万物复苏的时候,许多花卉含苞待放,古人将之定为"百花生日"是十分恰当的。在这一天,亲朋好友往往相邀出外赏花踏青,有些地方的人们还要到花神庙去烧香,以祈求花神降福,保佑花木茂盛。

> 百花生日是良辰,未到花朝一半春。万紫千红披锦绣,尚劳点缀贺花神。

文人墨客对着繁花似锦的景色,自然会产生吟诗作对的雅兴。上引诗歌所描绘的是旧时江南一带在花朝节的晚上在花枝上挂花神灯庆贺百花生日的情景，姹紫嫣红，火树银花，真是盛况。在古诗词中还有许多关于花朝节的歌咏。如南朝梁元帝的"花朝月夜动春心，谁忍相思不相见"，江总的"诘晓三春暮，新雨百花朝"，唐方干的"花朝连郭雾，雪夜隔湖镜"，清进士洪亮吉的"今朝花朝无一花，今夕月夕亦无月"等。

除了点花神灯，各个地方还有不同的花朝节赏花习俗。在东北地区，人们会为花神设置神位，祭以素馔；而在洛阳，不论是达官贵人，还是市井百姓，都会在花朝节这一天去龙门石窟一带游玩，品赏时花，挑食野菜。而据明人马中锡《宣府志》所载："花朝节，城中妇女剪彩为花，插之鬓髻，以为应节。"到了清代，还有年轻女子剪五彩色带粘在花枝上，这种习俗叫作"赏红"。清人张春华有《沪城岁事衢歌》一诗，就记录了"赏红"的风俗：

> 春到花朝染碧丛，枝梢剪彩袅东风。蒸霞五色飞晴坞，画阁开尊助赏红。

节庆时分，一般都有宴饮活动。花朝节这一日，"斗花会""扑蝶会"等都是十分流行的名目。在广西等少数民族地区，还有一些青年男女在花朝节这天对歌传情，互抛绣球，歌中一般有颂扬百花仙子的内容。

花朝节在民间的流行，与皇家的喜好也有关系。据

◎ 武则天像

传武则天嗜花成癖，十分重视花朝节。每到花朝节这一天，她都会令宫女采集百花，和米一起捣碎，蒸制成糕，用花糕来赏赐群臣。而慈禧太后执政时期，清宫内也有非常讲究的"花朝宴"。太监们会事先在颐和园中用红、黄绸条装扮牡丹花丛，以便节庆当日慈禧太后能够在满园春色中一边品尝用花卉做的点心，一边观看以花神庆寿为题材的戏曲表演。

关于花朝节的来历，唐人还有一个美丽的传说。

据传天宝年间，有个叫作崔玄微的人，爱花如命，远近闻名。一个春日的夜晚，崔玄微家中的花园里来了一群国色天香的美女，说是要去封十八姨家做客，路过这里。话音刚落，那位封十八姨也来了，崔玄微赶忙以酒宴招待诸位客人。席间，封十八姨举止十分傲慢，还翻酒玷污了一位名为石醋醋的女子的衣裙，醋醋一怒之下，拂袖而去，聚会不欢而散。

第二天晚上，那群女子又来拜访崔玄微，述说她们被恶风所困，本想找封十八姨帮忙，结果昨晚得罪了她，所以希望崔玄微能助她们一臂之力。崔玄微自然当仁不让，遵照女子们的指示，在二月二十一日五更时分，于花园东边内悬挂画着日月五星的朱幡。当夜狂风大作，而崔家花园的繁花却纹丝不动，一朵也没有被吹落。崔玄微这才明白过来，原来，那一群美女就是繁花之精，而那位封十八姨则无疑是风神。

这么看来，花朝节应该是悬彩护花的节日。然而正如前文所提及的那样，古人在花枝上悬挂彩带，不仅仅为护花，更为庆贺花神的诞辰。此外，也有人认为花朝节的由来和发展与佛教有着密切的关联，因为赴会进香、祭神拜佛也是花朝节期间的重要活动。

第四节 夕餐秋菊之落英
——花与饮食

在中国，以花卉为食物有着非常悠久的历史。据《吕氏春秋·本味篇》记载，商朝初期辅政大臣伊尹曾以食物为比喻，向汤王表述自己的政治主张。其中，当他提到"菜之美者"时，曾这样描述：

菜之美者，昆仑之蓣，寿木之华；指姑之东，中容之国，有赤木、玄木之味焉；余瞀之南，南极之崖，有菜，其名曰嘉树，其色若碧。阳华之芸，云梦之芹，具区之菁，浸渊之草，名曰土英。

在这里，伊尹提及了各种植物。其中，"寿木之华"指的是不死之树的花，"具区之菁"指的是韭菜的花，而伊尹将之列入"菜之美者"，可见商朝人已将一些花卉列入可食用蔬菜的范畴，而且属于较为名贵的蔬菜。

而更加直接地提及将花卉作为饮食的先秦文献当属《楚辞》。《离骚》有句"朝饮木兰之坠露兮，夕餐

◎ 伊尹像

秋菊之落英",这里"落英"的意思是初开的花,诗人直接以新生的菊花为食;《九章·惜诵》有句"播江离与滋菊兮,原春日以为糗芳","江离"是一种香草,"糗芳"则指芳香的干粮,诗人将菊花、香草与粮食掺杂在一起做成干粮食用;《九歌·东皇太一》有句"蕙肴蒸兮兰藉,奠桂酒兮椒浆","蕙""兰"都是香草,同属兰科植物,"肴蒸"指古代的一种肉食,诗人用蕙草包着肉食放在兰草编织的垫子上,用以祭祀神灵。

在中国古代,花卉与饮食的关系是十分密切的。以花入馔,不仅取花之香、味,还能够起到强身健体、延年益寿的保健作用,同时又有风雅的文化内涵,因此尤为古代文人所喜爱。

老夫自要嚼梅花

古人相信鲜花集合了天地之灵气而后绽放,因此将其服食会对身体产生一定的补益作用。清人陈元龙编著的类书《格致镜原》就记载了汉时人们直接食用鲜花后的奇妙效果:

汉昭帝游柳池,中有紫色芙蓉大如斗,花叶甘,可食,芬气闻十里。(《洞冥记》)

宣帝时异国贡紫菊一茎,蔓延数亩,味甘,食之者不饥渴。(《宝犊记》)

甘甜的鲜花不仅味道鲜美,食用之人还可唇齿留香,甚至能够不饥不渴,难怪魏晋南北朝以后,追求长生不老的道家热衷于服食鲜花了。在相关文献记载中,还曾提到一些道士服食花卉最后得以长生或升仙的故事。

例如,东晋葛洪所撰的《神仙传》中就描写了渔阳地方有一个名叫凤纲的人，"常采百草花以水渍泥封之，自正月始尽九月末止，埋之百日"，然后取出煎成丸药长期服用，"得寿数百岁不老"，最后成仙。

今日《神仙传》并非全本，在《格致镜原》中还有一段转引自当时《神仙传》的材料："康风子服甘菊花、桐实，后得仙。"无独有偶，在另一段转引自《名山记》的材料中说："道士朱孺子，吴末入玉笥山，服菊花，乘云升天。"

菊花的养生功效，在中国现存最早的药物学专著《神农本草经》中就有记载，其将菊花列为上品，认为菊花"久服利气血，轻身耐老，延年"，怪不得它如此深受古人之喜爱了。

◎ 杨万里像

说起生食鲜花，则不得不提到南宋著名诗人杨万里。这位爱梅痴狂的诗人生平最喜欢生嚼梅花，甚至到了不愿食人间烟火的地步：

寒尽春生夜未央，酒狂狂似醒时狂。吾人何用餐烟火？揉碎梅花和蜜霜。

一坛好酒，配上蜜霜糖和新鲜梅花调拌的佳肴，诗人的生活何等清雅！不过说起来，杨万里食梅花起先也是出于不得已：

剪雪作梅只堪嗅，点蜜如霜新可口。

一花自可咽一杯，嚼尽寒花几杯酒。

先生清贫似饥蚊，馋涎流到瘦脛根。

赣江压糖白於玉，好伴梅花聊当肉。

清贫的生活致使诗人将梅花权当下酒菜肉，当是无奈之举。嚼着那孤芳自赏的花卉,诗人也许也感到几分寂寞吧!然而,久而久之,他愈发地发掘出梅花的美味来,渐渐迷恋起这一独特的美食:"取糖霜笔以梅花食之,其香味如蜜渍青梅,小苦而甘。"芳香扑鼻的梅花甜中带些苦涩,与甘甜的糖霜乃是绝配,味同蜜渍青梅,令人回味无穷。

有一年冬天,杨万里去朋友家赴宴。正是大雪纷飞时候,梅花傲雪独立,煞是可爱,杨万里又起了馋意,当席作诗一首:

> 南烹北果聚君家,象著冰盘物物佳。只有蔗霜分不得,老夫自要嚼梅花。

虽有满席美味佳肴,杨万里仍不惜将蔗糖占为己有,只为搭配新鲜梅花食用,这份痴狂,不禁让人会心一笑。

杨花粥与玫瑰饼

除了直接生食,鲜花还有许多不同的吃法,比如将之加工成为主食。宋人林洪曾著饮食谱录《山家清供》,书中首次详细介绍了以梅花、菊花、栀子花、桂花等花卉为原料的多种花卉食品的制作方法,而作为主食的就有"梅粥""荼蘼粥""金饭""梅花汤饼""广寒糕""松黄饼""落卜煎"等十余种。清人黄云鹄所编《粥谱》中也记载了莲花粥、桂花粥、菊花粥、牡丹花粥、芍药花粥、藤萝花粥、兰花粥等十几种花粥,读来令人口舌生津。相传唐代寒食节,民间有煮食杨花粥的风俗。清明时节,杨花纷飞,一边看着漫天的杨花,一边品尝可口的杨花粥,真是一件非常浪漫的事情。

满族文人富察敦崇所著的《燕京岁时记》记载了清代北京的餐饮风俗:

> 三月榆初钱时,采而蒸之,合以糖面,谓之榆钱糕。四月

以玫瑰花为之者,谓之玫瑰饼。以藤萝花为之者,谓之藤萝饼。皆应时之食物也。

榆钱糕、玫瑰饼、藤萝饼都是北京人爱吃的风味食品,而尤以后两者广为流行。玫瑰饼、藤萝饼都是糖馅、酥皮的点心,做法大致相同。据说老北京的糕点铺都会在后院种有藤萝,随用随采,不用特别购买,极为方便。玫瑰饼香味浓厚,藤萝饼味淡清香,各具特色。

◎ 藤萝饼

清代的《广群芳谱》中详细记录了明人制作玫瑰花馅的方法:

采初开花,去其橐蕊并白色者,取纯紫花瓣捣成膏,白梅水浸少时,顺研细布,绞去浆汁,加白糖再研极匀,磁器收贮。

所制玫瑰花馅极香极甜,可任意添加于饮食之中,也可用于制作玫瑰饼。清代,承德的玫瑰饼最为有名。乾隆年间,承德有一位名叫张德的糕点师父,他制作的玫瑰饼远近闻名,有"玫瑰张"的别称。后来,乾隆皇帝听闻他的名气,还将之召入宫中,指导御膳房的厨师们

◎ 鲜花玫瑰饼

制作玫瑰饼。这一点心十分讨乾隆的喜欢,其在位时,祭神点心也多是使用玫瑰饼。受皇室的影响,鲜花饼在民间更加流行了。这种喜好一直保留到了今天,每到春季,北京的各大糕点铺都会供应鲜花玫瑰饼,深受市民们的欢迎。

请君共饮鲜花酒

鲜花还是酿酒的上佳选择。中国人喜好饮酒,而花卉酒则是中国酒的重要组成部分。早在西汉时,皇宫中就有重阳节饮菊花酒驱邪避恶、祈祷长寿的风俗,后又传至民间,并延续至后代。

除了菊花酒,《汉书·礼乐志》中还记载了一种珍贵的花卉酒——百末旨酒:"百末旨酒布兰生,泰尊拓浆析朝醒。""百末",即百草花之末;"旨"是美味的意思。将各种花卉掺入酒中,味道自然既芬芳又甜美。汉代著名赋作家枚乘的名作《七发》中还有"兰英之酒,酌以涤口"的句子,可见汉代人还喝兰花酒。

三国时文人喜好桂花酒,陈思王曹植的《仙人篇》中有"玉樽盈桂酒"之句,就提到了桂花酒。而宋人的《太平广记》中则记载了魏帝曹奂为陈留王的时候,有频斯国人来朝拜谒,带来一壶桂花酿的酒,状如凝脂,味道甘美,饮用可使人长寿。除此之外,彼时也用石榴花酿酒。南朝梁元帝《赋得咏石榴》一诗中有句"西域移根至,南方酿酒来",就直接说明了当时酿造石榴花酒的现象。

喜好享乐的唐人自然也是花卉酒的爱好者,唐代的花卉酒往往拥有雅致的名称。例如,唐宪宗曾在宫中采李花酿造李花酒,取名"换骨醪",并以此酒赐大臣裴度;而唐人苏鹗的

《杜阳杂编》则记载了以桂花、米和曲酿成的美酒有雅名"桂花醑";《云仙杂记》中还有以椰子为酒杯,捣莲花而制成的"碧芳酒"。

唐代帝王还喜欢荼蘼花酿造的酴醿酒。《新唐书》就记载了宪宗称赞敢于直言劝谏的宰相李绛为"真宰相",并"遣使赐酴醿酒"的事情。而据明人王象晋的《群芳谱》所言,唐代寒食节时皇帝宴请宰相就喜欢用酴醿酒。

唐时由于原料及制作工艺等相关条件的制约,花卉

◎ 李花

酒还仅局限于在宫廷与上层社会内流行,至清代时,则也广受一般百姓的喜爱。清人将以各种植物掺入酿制的烧酒称为药烧。据《清稗类钞》记载,清时京师酒肆有三种:一为南酒店,一为京酒店,一为药酒店。其中,药酒店中所售的酒都是"烧酒以花蒸成"者,即花卉酒。清人认为"凡以花果所酿者,皆可名露",因此,尽管这些药烧名目繁多,但大多以"露"字命名,如"玫瑰露""苹果露""山楂露""葡萄露"等。

花卉烧酒一般度数较低,性味柔和,因此男女老少饮用皆宜。而其中尤以"玫瑰露"最受京师市民的喜爱,这种酒是将玫瑰花放在烧酒里蒸馏而制成的。据清《日下新讴》中的描述,一斤"玫瑰露"须官板钱一百二十文。清代市俗用钱有大

钱、小钱的区别,官板钱属于价值较高的大钱。因此,"玫瑰露"其实是价格不菲的,但购买者仍趋之若鹜,可见其受欢迎程度之高。

除了"玫瑰露",负盛名者还有宫廷御用的"莲花白"。这种酒由莲花蕊加珍贵药材酿制而成,往往供皇室赏赐亲信之臣。据《清稗类钞》描绘,"其味清醇,玉液琼浆不能过也",可见真是酒中佳品。

菊花也可制火锅

除了花卉的一般食用方法,晚清宫廷中还流行一种很有意思的花卉饮食方法——菊花火锅。火锅是中华民族最为喜爱的饮食之一,而以鲜花为主要食材制成的火锅,无论于古于今,都是十分创新的吃法。而这种吃法尤为热衷于保健养颜的慈禧太后所喜爱。据曾在慈禧太后身边做过几年女官的德龄所著的《御香缥缈录》记载,慈禧是这样吃菊花火锅的:

先把那一种名唤雪球的白菊花采下一二朵来,大概是因为雪球的花瓣短而密,又且非常洁净,所以特别的宜于煮食;每次总是随采随吃的。采下之后,就把花瓣一起摘下,拣出那些焦黄的或沾有污垢的几瓣一起丢掉,再将留下的浸在温水内漂洗上一二十分钟,然后取出,再放在已溶有稀矾的温水内漂洗,末了便把它们捞起,安在竹篮里沥净,这样就算是端整好了。第二步当然便是煮食的开始了。太后每逢要尝试这种特殊的食品之前,总是十分的兴奋,像一个乡下人快要去赴席的情形一样。吃的时候,先由御膳房里给伊端出一具银制的小暖锅来。因为有菊花的时候总在秋天，暖锅已快将成为席上的必需品了，虽然似乎还早一些，但也还不足令人惊奇，所堪注意的是菊花和暖锅的关系。原来那暖锅里先已盛着大半锅的原汁鸡汤或肉汤，上面的盖子做得非常合缝，极不易使温度消失，便是那股鲜香之味，也不致腾出来。这时太后座前已早由那管理膳食的大太监张德安好一张比茶几略大几许的小餐桌，这桌子

◎慈禧太后

的中央有一个圆洞，恰巧可以把那暖锅安安稳稳地架在中间，原来这桌子是专为这个意义而设的。和那暖锅一起的还有打御膳房里端出来的几个浅浅的小碟子，里面盛着已去掉皮骨，切得很薄的生鱼片或生鸡片。可是为了太后性喜食鱼的缘故，有几次往往只备鱼片，外加少许酱醋。那洗净的菊花瓣自然也一起堆在这小桌子上来了。于是张德便伸手把那暖锅上的盖子揭了起来，但并不放下，只擎在手里候着，太后便亲自拣起几许鱼片或肉片投入汤内，张德忙将炉盖重复盖上。这时候吃的人——太后自己——和看的人——我们那一班——都很郑重其事的悄悄地静候着，几十道的目光，一起射在那暖锅上。约摸候了五六分钟，张德才又上前去将盖子揭起，让太后自己或我们中的一人将那些菊花瓣酌量抓一把投下去，接着仍把炉盖盖上，再等候五分钟，这一味特殊的食品便煮成了。

这段生动的描述,不禁让人垂涎三尺。直到今天,汤清味美的菊花火锅仍然流行于开封等地,若有机会,不妨尝尝这道有趣的花卉美食。

第三章

花卉的文化印记

动人的诗词，传奇的故事……在悠远的历史长河中，每一种不同的花卉，都拥有各自的审美价值和特定的文化印记。

第一节 虚生芍药徒劳妒，羞杀玫瑰不敢开
——牡丹

牡丹，别名"木芍药""百雨金""洛阳花""富贵花"等，多年生落叶小灌木，生长缓慢，株型小，原产于我国西部秦岭和大巴山一带山区。花朵颜色众多，有粉色、红色、白色等，属于我国特有的木本名贵花卉，素有"国色天香""花中之王"的美称，长期以来被人们当作富贵吉祥、繁荣兴旺的象征。

牡丹的王者风范早在唐代就已经基本确立下来，唐人对牡丹的是众所周知的。相传白居易担任杭州刺史时，曾四处派人寻找牡丹，后于杭州开元寺观赏牡丹时见到诗人徐凝题牡丹的一首诗，大为赞赏，遂邀请徐凝同饮，尽醉而归。徐凝之诗如下：

◎ 牡丹

此花南地知难种，惭愧僧闲用意栽。

海燕解怜频睥睨，胡蜂未识更徘徊。

虚生芍药徒劳妒，羞杀玫瑰不敢开。

唯有数苞红萼在，含芳只待舍人来。

据说最早将牡丹带到杭州的是开元寺的僧人惠澄，他将从京师得到的种子种植在庭院之中。当时已经是春深时节，惠澄用油布覆盖在花上，后来竟然成功培育出牡丹花。至此，牡丹才开始在杭州种植。徐凝诗的首联说的就是这件事情。

这初来乍到的牡丹，并未因为环境陌生就收敛起与生俱来的霸气，不仅惹来海燕、胡蜂的关注，更使其他花卉感到了威胁。诗人以生动的想象力，描绘了在牡丹花的美艳之下，原本颇有名气的芍药花、玫瑰花也只能徒生嫉妒，羞愧得都不敢开花了。如此气魄，也只有牡丹担当得起。而牡丹似乎还无心与他花竞争，只一心等待着知音之人的欣赏，真是令人更加叹服。

国色天香在大唐

牡丹在唐代有"国花"的美誉，唐人李正封有名句"国色朝酣酒，天香夜染衣"，直接用"国色""天香"形容牡丹花，而后来"国色天香"也成为形容美人的流行词汇。

牡丹之色，极鲜艳，也极浓烈，常给人金碧辉煌之感。自古帝王多爱牡丹，正因其花开时分富丽堂皇、雍容华贵，最有盛世气象。白居易《牡丹芳》中写牡丹之色艳："千片赤英霞灿灿，百枝绛艳灯煌煌。"虽略夸张，形容牡丹之绝色倒也恰当。徐凝在另一首题牡丹之作中写"疑是洛川神女作，千娇万态破朝霞"，则展现了牡丹花热烈奔放的气质，有极强的感官冲击力和色调感染力。

因为艳丽的色彩,牡丹甚至曾被称为"花妖"。据《开元天宝遗事》记载,宫中有一牡丹花开,早上是深红色,正午是深绿色,傍晚是深黄色,到了夜间又变为粉白色,一昼夜之内变化多种颜色。宫中许多人都十分惊异,玄宗反而十分镇定,说道:"这是花木之妖,不值得惊讶呀!"

牡丹之香,正与其色相应和,沁人心脾,有很强的感染力。亦有不少古诗专注于牡丹芳馨袭人的特质。晚唐诗人皮日休就曾夸牡丹:"**竞夸天下无双艳,独占人间第一香。**"将世间第一香的美誉颁给了名花牡丹。唐人李山

◎ 变色牡丹

甫也毫不吝惜赞誉之词:"数苞仙艳火中出,一片异香天上来。"温庭筠的"蝶繁经粉住,蜂重抱香归"则通过蝶、蜂的举动从侧面将牡丹的香艳描绘出来。苏轼的《雨中看牡丹三首(其一)》更是别开生面,"秀色洗红粉,暗香生雪肤"两句以拟人的手法写牡丹经过雨水的冲洗,香气缓缓地弥漫开来。暗香在湿润的空气中浮动着,如丝如缕,萦绕四周,真是颇有一番味道!

正因为这样的国色天香,牡丹深受唐人的喜爱。据传,开元年间,皇宫中初种植牡丹于兴庆池东沉香亭前。花开之时,唐玄宗大悦,与杨贵妃相从赏花,还下诏让梨园弟子李龟年手捧檀板领奏乐曲。当李龟年正要歌唱时,玄宗突然又来了兴致,说:"今天观赏这名花,对着爱妃,怎么能唱旧歌词呢?"于是命人找来当时任职翰林供奉的李白写新的乐辞。彼时李白

尚宿醉未醒,趁着酒性,挥毫而就《清平调三首》,成为脍炙人口的佳作:

> 云想衣裳花想容,春风拂槛露华浓。
> 若非群玉山头见,会向瑶台月下逢。
>
> 一枝红艳露凝香,云雨巫山枉断肠。
> 借问汉宫谁得似? 可怜飞燕倚新妆。
>
> 名花倾国两相欢,长得君王带笑看。
> 解释春风无限恨,沉香亭北倚阑干。

◎ 李白像

这三首诗作将牡丹的美描绘得淋漓尽致,且将牡丹与杨贵妃交互在一起写,写花即是写人,写人又是写花。第一首诗中"露华浓"三个字将牡丹花在晶莹的露水衬托下显得更加艳冶的景象巧妙勾勒出来,末句又从空间上将读者引入仙境瑶台;第二首诗不仅写牡丹色之红艳,还着重刻画其香味,在香气弥漫的氛围中迈入历史的长河,把读者领至楚襄王的阳台、汉成帝的宫廷;第三首诗则回到现实中的沉香亭,花在阑外,人倚阑干,无论是牡丹,还是美人,都有着倾国倾城的美貌,惹得君王无限欢喜。

有了帝王的推重,牡丹的身价自然是扶摇直上。牡丹花开之时,人们往往倾城而观,白居易"花开花落二十日,一城之人皆若狂"和刘禹锡"唯有牡丹真国色,花开时节动京城"等

新版 雅俗文化书系 花文化

脍炙人口的诗句就是对当时盛况的描绘。中唐李肇所撰《唐国史补》中记载：

> 京城贵游尚牡丹，三十余年矣。每春暮，车马若狂，以不耽玩为耻。执金吾铺，官围外寺观，种以求利，一本有直数万者。

甚至到以不赏玩牡丹为耻的地步，可见唐人对牡丹的狂热喜爱。但这种热潮也引发了一些社会问题，白居易是爱牡丹花之人，但对于举国上下为买牡丹不惜耗费巨资的现象也不免表现出自己的担忧，他曾作《买花》一诗，诗的末尾特别有画面感：

> 有一田舍翁，偶来买花处。低头独长叹，此叹无人喻：一丛深色花，十户中人赋！

一丛牡丹花几乎要耗费掉十户人家的赋税，确实过于奢侈。在另一作品中，白居易则直接表达了希望世人稍微抑制对牡丹狂热情绪的愿望：

> 我愿暂求造化力，减却牡丹妖艳色。少回卿士爱花心，同似吾君忧稼穑。

无独有偶，晚唐王睿也作诗对牡丹加以斥责：

> 牡丹妖艳乱人心，一国如狂不惜金。曷若东园桃与李，果成无语自成阴。

牡丹的美自然不是过错，这里它不过成了自上而下社会奢靡风气的替罪羊罢了。不过，这倒从另一侧面反映出牡丹深受唐人喜爱的现象。

洛阳牡丹甲天下

相传武则天称帝之时，一个寒冷的冬日，武皇兴致大起，预备第二天于上林苑游玩,便作诗一首诏告百花:"明朝游上苑,火速报春知。花须连夜发,莫待晓风吹。"

对于女皇的命令,花儿们自然不敢违背,一夜之间,百花纷纷吐蕊开放。第二天,武则天在上林苑中欣赏百花争奇斗艳的景色,正心满意足,忽然发现牡丹花居然无视她的命令,拒不开花,一时怒上心头。她立刻下令将苑中的牡丹通通一把火烧为焦灰,并将别处的牡丹连根拔出,贬至东都洛阳。从此以后,牡丹在洛阳安家,并因之得名"焦骨牡丹",声名远播。

当然,这仅仅是一个民间传说。事实上,牡丹种植中心由长安移至洛阳应该是在北宋的时候。北宋时洛阳牡丹甲天下,以至于那时候的洛阳人甚至只将牡丹称为"花"。北宋著名学者邵雍曾感慨:

洛阳人惯见奇葩,桃李花开未当花。须是牡丹花盛发,满城方始乐无涯。

牡丹花开时节,洛阳百姓往往举家出游观赏,宋人张邦基的《墨庄漫录》就记载了彼时赏花盛会的情况:

西京牡丹闻于天下,花盛时,太守作万花会,宴集之所,以花为屏帐,至于梁栋柱拱,悉以竹筒贮水,簪花钉挂,举目皆花也。

洛阳牡丹在北宋的兴盛是有其原因的。首先,似乎与其地位相应,牡丹种植适宜疏松、肥沃、深厚的土壤,洛阳的地理环境十分适宜牡丹的生长。其次,经济发达、文化兴盛是形成赏花中心的必要条件,只有经济繁荣,牡丹才有可能走进平民百姓的生活之中;只有重视文化,花卉才能够成为一种有规模的文化景观。这种经济、文化重镇,于唐是长安,于北宋自然非地处中州的洛阳莫属。

北宋大文豪欧阳修的专著《洛阳牡丹记》是现存第一部完整的牡丹专著，其开篇即提出牡丹"出洛阳者，今为天下第一"的说法。彼时以牡丹为题材的文学作品数不胜数，《全宋诗》中涉及洛阳牡丹的就有两百余首，而说到其中的佳作，则不能不提及苏东坡的《和述古冬日牡丹》：

一朵妖红翠欲流，春光回照雪霜羞。化工只欲呈新巧，不放闲花得少休。

苏诗虽别有寄托，但单看其描绘牡丹风姿的首句也十分绝妙。一个"妖"字写尽牡丹的娇媚，鲜艳欲滴，十分诱人，令观者感到春回大地一般的明媚。而梅尧臣的《紫牡丹》则更体现出宋诗浓重的文人性：

叶底风吹紫锦囊，宫娥应近更添香。试看沉香浓如许，不愧逢君翰墨场。

古时以紫色为贵，紫色的牡丹花名贵文雅、香味浓郁，色彩沉郁如泼墨的绘画，其庄重又华贵的气质最适合在贡院翰墨之地生长了。花与文人之间无声的交流与赏识，仿佛又是一次知音的对话。

洛阳牡丹的兴盛，与当时技术高超的花工也有很大关系。牡丹品种中最著名的即是姚黄、魏紫，其中，姚黄就是宋朝民间姚氏家中培育出来的。牡丹本来就有"花中之王"的美誉，姚黄又是牡丹中的王者，真不愧是王中之王了。据《铁围山丛谈》记载，元丰年间，洛阳曾进贡姚黄一朵，"花面盈尺有二寸"，神宗皇帝十分喜欢，"遂却宫花不御，乃独簪姚黄以归"，此事在后代曾

◎ 花王姚黄

一时传为美谈。

花事的兴衰与社会的发展状况息息相关,到了北宋中后期,内忧外患的情况愈来愈严重,洛阳牡丹也渐渐衰败了,无论花园还是花市都不见踪影。《闻见前录》中记录了这种现象的直接原因:

花未开,官遣人监护,甫开,尽槛土移之京师,籍园人名姓,岁输花如租税。洛阳故事遂废。

本来就所剩无几的牡丹花全被官家当作税收掠夺了,难怪洛阳牡丹盛况不再。事实上,盛放的洛阳牡丹,正是太平盛世最好的象征。当世事衰败,牡丹花的热潮自然也逐渐散去了。富贵的花卉,繁华的城市,风流的雅士,这一切的一切都变成了过眼云烟。北宋灭亡之后,许多南渡的宋人都表示出对洛阳牡丹的眷念之情,这是因为对于他们来说,追念洛阳牡丹,也就是追忆他们曾经繁荣昌盛的家园啊!

药到病除寓吉祥

姿态艳丽的牡丹不仅可供人观赏,而且还具有很高的药用价值。由牡丹的根加工而制成的"丹皮"是相当名贵的中草药,其性微寒,味辛,无毒,养血和肝,散郁祛瘀,对心、肝、肾都有保健作用,能散瘀血、清血、和血、止痛、通经,同时还有降低血压、抗菌消炎的功效,长期服用可延年益寿。

相传有一次,李世民带兵出征,军队行至安徽凤凰山一带,许多士兵突然感染上疫病,高烧不退,症状十分奇怪,随军的医生都束手无策。正当大家一筹莫展之际,军中的一位老兵见山坡上生长着许多野牡丹,便提议采来牡丹的根皮,洗净捣烂后调浆给生病的士兵们服用。

原来，这位老兵之前曾是花农，对牡丹的药用价值有所了解，所以才提出了这样的建议。结果，服用了牡丹根皮制浆的士兵们竟然一个个都恢复了健康。

◎ 中药材丹皮

看来，牡丹除了能使人一饱眼福，还可使患者药到病除，真不愧是花中之王。

长久以来，牡丹花都被国人誉为吉祥的"富贵花"。春节时分，许多人家喜欢在家里贴上绘有牡丹花的剪纸、年画等，以祈祷富贵吉祥。而在鄂西、湘西等地区，还延续着一种生女儿种牡丹的习俗。这与一个久远的传说有关。

很久以前，一个猎人上山打猎时，无意间看到一只老鹰在啄一只小鸟。猎人连忙举起枪打死了老鹰，可惜为时已晚，那只小鸟已经断了气。猎人可怜小鸟无辜丧命，就将小鸟埋在一棵树下。

第二天，猎人又到相同的地方打猎，发现昨日埋葬小鸟的地方居然生长出了一株美丽的牡丹。猎人感到十分神奇，于是就将那株牡丹移植回家，栽培在后院之中。巧合的是，第二年牡丹花开的时候，猎人的妻子诞下了一个女儿，小姑娘长得就像牡丹花一样美丽动人。猎人认为他的女儿很有可能就是牡丹花

◎ 清恽寿平《牡丹》

的化身,于是精心照料那株牡丹,牡丹花也因此年年盛放。就
这么一直到女儿长大出嫁,猎人将那株牡丹当作嫁妆送给了
女儿。

从此以后,生女儿种牡丹的习俗就在当地一代代地流传
了下来。

第二节 疏影横斜水清浅,暗香浮动月黄昏
——梅花

梅花,蔷薇科,李属梅亚属植物,于寒冬开放。其叶片
呈广卵形或卵形,花瓣五片,有白、红、粉红等多种颜色;品
种繁多,按枝条及生长姿态可分为叶梅、直角梅、照水梅等,
按花色及花形可分为宫粉梅、红梅、绿萼梅、大红梅等。梅
花是我国十分有名的观赏植物,其身上烙刻着中华文化的
深刻印记。

宋代有位著名的隐逸诗人叫林逋,年幼时刻苦好学,通晓
经史百家,但性喜恬淡,不愿追慕名利富贵。他的一生,大多
时候都隐居于杭州西湖,始终不曾出仕,亦不曾娶妻,而最大
的嗜好便是养鹤植梅,他称自己"以梅为妻,以鹤为子",因此
也得到了"梅妻鹤子"的美名。

众芳摇落独暄妍,占尽风情向小园。

疏影横斜水清浅,暗香浮动月黄昏。

霜禽欲下先偷眼,粉蝶如知合断魂。

幸有微吟可相狎，不须檀板共金樽。

　　这首《山园小梅》正是林逋的传世名作，诗人在其中表达了自己对梅花深深的情感。寒冬时分，百花已经渐次凋零，只有那不畏严寒的梅花还在绚丽地盛放着，在小园之中"占尽风情"。疏朗的梅影，似乎无意地投影在清澈的浅水里，错落而潇洒；幽幽的花香则隐隐约约，飘荡在朦胧的黄昏月色之中，令人心旷神怡。

　　因着这样动人的梅影和花香，那些冬日的鸟儿正欲于树枝上休息，也不禁要偷看这绚烂的梅花了——想必它们也惊异于酷寒的气候中，怎会有如此花满枝头的景象；而粉蝶们若知道梅花的美丽，也定要为之销魂吧。诗人是这样爱护着梅花，轻吟诗歌去赞美它、亲近它，并为之感到庆幸——幸好没有那些附庸风雅的达官贵人伴着俗曲、端着酒杯"欣赏"它。是啊，林逋有梅花相伴，梅花有林逋呵护，对于彼此而言，都是一种幸运。

◎ 梅花

87

处处逢梅是旧知

　　中国古人对梅花的偏爱程度也许超出今人的想象。南宋著名诗人范成大所作的《梅谱》是我国乃至全世界第一部关于梅花的专著，其对梅花的品种等相关情况首次进行了较为具体的描述。在《梅谱前序》中，范成大直接指出了中国古人对梅花的挚爱之情：

> 梅为天下尤物，无问智、愚、贤、不肖，莫敢有异议。学圃之士，必先种梅，且不厌多，他花有无多少，皆不系轻重。

作为"天下尤物"的梅花，深受古代文人的赏识。对于那些像林逋一样爱梅之人来说，梅花是他们的亲人，是他们的朋友，是他们人生相伴的知己，是他们心灵温暖的慰藉。

清人吴文溥曾作诗言"笑问梅花肯妻我，我将抱鹤家西湖"，正是受到林逋的影响，也打算要"以梅为妻"了；无独有偶，宋代诗人杨万里在《烛下和雪折梅》一诗中写道"梅兄冲雪来相见"，直呼梅花为兄弟，关系显得十分亲密；高斯得则有《题爱梅亭》一诗，坦言"生世梅花是故知，相逢不负岁寒期"；赵蕃的《梅花六首》中也有"平生留落半天涯，处处逢梅是旧知"；现代大文豪鲁迅先生更曾钤过一块方印，刻有"只有梅花是知己"的字样……

◎ 任伯年《林逋携鹤》

唐代传奇小说集《龙城录》中有一则关于梅花的神话故事。

传说隋代赵师雄经过罗浮一带，傍晚在一家小酒馆休息，忽然见到一位淡妆素服的美人，芳香袭人，遂邀请她共饮。也许是因为有美人相伴，赵师雄喝得特别尽兴，不久便酒醉而眠，等到醒来的时候，却发现自己睡在一棵梅花树下，身边并无一人，只有树上几只翠鸟唧唧喳喳。他这才明白过来，原来自己遇到的佳人，竟是那树上的梅花。

这个故事虽然离奇，但也体现了古人将梅花拟人化的一种心理。确实，在许多文人眼里，梅花仿佛有生命的人一样，可以与之交谈，因而不少诗人留下了与梅对话的作品。

比如宋人张镃，他可是直接向梅花表白了："只堪告诉向梅花，我是梅花千树伴。"而同样的痴情的还有白居易和陆游。白居易新栽了七株梅花，花时已到，他便亲切地对梅花说道："莫怕长洲桃李妒，今年好为使君开。"他告诉梅花只管盛放，不必害怕花期较晚的桃李嫉妒。而陆游却抱着相反的心情，怕梅花易凋零，反而叮咛梅花不要开得太盛：

一花两花春信回，南枝北枝风日催。烂熳却愁零落近，丁宁且莫十分开。

在与梅花无声而默契的交流之中，许多人亦渐渐在亲爱的梅花身上投射了自己的心情。对梅花说话，其实也就是对自己说话，字字句句，都包含着自己人生的苦与乐。

少年成名的李商隐一生的仕途都不是很顺畅，不得已卷入晚唐党派纷争的他往往作诗感叹自己的身世。他曾作一首《忆梅》：

定定住天涯，依依向物华。寒梅最堪恨，常作去年花。

寒梅早开、早谢的特点正与早慧、早成名、早登科而仕途坎坷的诗人一模一样，因此，这首诗借写寒梅表达诗人对自己身世际遇的悲叹，凄凉哀婉，令人读之不禁黯然神伤。

梅花不畏严寒，独放于深冬的特性很容易使人联想到高洁的品质。对此，元人冯子振的《山中梅》写得很明白：

岩谷深居养素真，岁寒松竹淡相邻。孤根历尽冰霜苦，不识人间别有春。

孤身生长于深山之中的寒梅独自忍受恶劣的环境，只淡淡与松竹有些君子之交，丝毫不理会尘世间的春天。这种"素真"的追求止适合形容那些洁身自好的隐士们，无怪乎梅花特别受到隐者的青睐。

但也正是出于这种孤独吧，有时候以梅花自寓的诗人特别容易产生一种感伤的情绪。南宋爱国诗人陆游特别喜爱梅花，创作了许多以梅为题材的诗词作品，其中有一首《朝中措·梅》：

幽姿不入少年场，无语只凄凉。一个飘零身世，十分冷淡心肠。

江头月底，新诗旧恨，孤恨清香。任是春风不管，也曾先识东皇。

虽然题目为"梅"，但全文几乎没有出现什么梅花的特性。只是读起来，满目都是感伤的情绪："凄凉""飘零""冷淡""孤恨"……字里行间，悲伤扑面而来，说的其实是词人自己的身世情感。

散作乾坤万里春

梅出现在古代文献中，甚至可以追溯到秦以前。《尚书·商书·说命下》中就记载了殷高宗任命傅说为相时的言辞:"若作和羹,尔惟盐梅。"盐味咸,梅味酸,都是调味所必需,殷高宗在这里实际上是以盐梅比喻傅说是国家所需要的人才。而傅说也不辱使命。从此以后,盐梅就成为贤相的象征。明人李茂春曾撰编历代贤相的嘉言善行,即取名《盐梅志》。

盐梅的典故似乎开启了梅花与政治的不解之缘。事实上,在古诗词中,梅花也曾独立成为贤相的代表。相传乾隆十五年乾隆皇帝巡视河南返京途中,路过唐朝名相宋璟的故乡,他便书写宋璟的《梅花赋》,并画了一枝古梅,题诗及跋一首。其跋曰:

梅花品格最胜,冰姿玉骨,铁干古心,迥非凡卉之匹。唐臣宋璟赋此,盖以自况也。予时巡中土,驻跸于此,遥企名贤,缅怀往迹,感兴成吟,并手写古梅一本,摹勒廊壁,以志清标,庶使千载,下睹此树,犹景其人焉。

◎ 宋璟像

宋璟以梅花自比,而乾隆则把梅花当作贤相的象征,借赞美梅花非一般花卉可比的冰清玉洁的品质来赞美宋璟;那傲然挺立的梅树,仿佛就是宋璟本人一样,值得后人景仰。

贤相受重用、被尊敬,往往是太平盛世的现象。而在浩瀚的中华历史长河中,奸臣当道的黑暗时期也并不少见。此时,梅花的形象似乎有了另一层与政治相关的内涵——古代知识分子的参与意识和抗争精神。

在南宋朝廷中，主张向金国投降求和的主和派长时间占据着政坛的主导地位。而如辛弃疾、陈亮等一心想要收复失地的爱国志士，则往往受到迫害和打压。坎坷的人生遭遇正如梅花生长的恶劣环境一般，特别考验这些勇者的品格。因此，他们常常借吟咏梅花来寄托自己收复失地的决心，辛弃疾的"更无花态度，全是雪精神"，陈亮的"欲传春信息，不怕雪里埋"，正是他们坚定信念的写照。

最有名的则是陆游的《卜算子·咏梅》：

驿外断桥边，寂寞开无主。已是黄昏独自愁，更著风和雨。

无意苦争春，一任群芳妒。零落成泥碾作尘，只有香如故。

92

◎ 陆游像

陆游的遭遇，正如在那断桥边上寂寞开放的无主梅花一般，在黄昏的凄风冷雨中，独自哀愁着；梅花孑然一身，并无意与百花争春斗艳，则像词人不愿与投降派同流合污的心思一样。无论是梅花，还是陆游，最后都不得不独自面对苦难——但即使粉身碎骨，梅花依然清香如故，就如陆游终生不曾移志变节一般。

相似的遭遇，同样的品

格,在这首词作中,梅花的风骨就像诗人的脊梁,梅花与陆游完全融为一体,让人感受到一种非凡的艺术魅力。字里行间既抒发了孤寂惆怅的情感,也显露出苍劲顽强的韧性,正代表着古代文人对于梅花复杂而深沉的情感。

在政治理想不得实现的时候,甚至有诗人借咏梅来影射朝政。南宋曾发生著名的"落梅诗案":诗人刘克庄的《落梅》一诗中有"东风谬掌花权柄,却忌孤高不主张"之句,被言官李知孝等人指控为"仙谤当国",因而被罢官,甚至导致闲废十年。然而,这场突如其来的灾难虽然让刘克庄十分愤慨,甚至曾有"老子平生无他过,为梅花受取风流罪"之言论,但他始终未曾放弃对梅花的喜爱,反而大量写作咏梅诗词,一生创作一百三十多首咏梅诗词,以此来表达自己的铮铮铁骨。

元代文人王冕有咏梅名句:"忽然一夜清香发,散作乾坤万里春。"意思是要以梅花的清香来驱散乾坤间的浊气与俗气。在复杂浑浊的政治世界中,像梅花一样顽强的古代知识分子,始终以自己的努力,开启着一个又一个历史的春天。

折梅聊寄一片情

相传南朝宋武帝刘裕的女儿寿阳公主有一次睡在含章殿檐下,一阵风过,一朵梅花偶然落在公主的额头上,怎么揭都揭不下来。几天之后,梅花好不容易被清洗下来了,可是寿阳公主的额头上却留下了五片花瓣的印记。宫里的女子见到那梅花的印记,都觉得十分美丽,于是争相效仿,将梅花贴在额上,一时成为一种新的时尚,时人称之为"梅花妆"。

中国人民自古就对梅花一往情深,人们或以梅为地名,如广东有梅州、梅江、梅县;或以梅为自号,如南宋王十朋号"梅溪",宋末张磐号"梅崖",明末清初吴伟业号"梅村"。以梅为题材的古曲《梅花落》《梅花三弄》更是家喻户晓。

除了象征高洁的有志之士,在民间,梅花还是代表喜庆、瑞兆的吉祥物。古人有"梅开五福"的说法,以梅花的五片花瓣象征五种福气。关于"五福",《尚书》中有记载,即"寿"、"富"、"康宁"(身体健康心灵安宁)、"攸好德"(生性仁善宽厚宁静)、"考终命"(善终),今日则泛指快乐、幸福、长寿、顺利、和平等。

而传情达意则是梅花的另一功能。耐寒的梅花常被人赋予高洁的品质,因此常被用来形容朋友之间坚贞不渝的友情,古时就有寄梅赠友的习俗。

三国时期,东吴陆凯在荆州摘下一枝梅花,寄给好友范晔,并赋诗一首:

折梅逢驿使,寄与陇头人。江南无所有,聊赠一枝春。

梅花传递的不仅仅是春的讯息,还有朋友之间那浓浓的思念之情。南朝乐府民歌《西洲曲》中也有"忆梅下西洲,折梅寄江北"的句子,显示出折梅寄相思的寓意。

有时,这份寓意更容易触动背井离乡的远客。对于唐代诗人柳宗元而言,怀才不遇、颠沛流离似乎是他人生的主题。其在仕途的大部分时间,都处于被贬谪的状态中。他有一首题为《早梅》的名诗:

早梅发高树,迥映楚天碧。

朔吹飘夜香,繁霜滋晓白。

欲为万里赠,杳杳山水隔。

寒英坐销落,何用慰远客。

严冬时分,万物静谧,只有在高枝上早早绽放的梅花独自映着碧蓝色的南国天空。环境虽然恶劣,但梅花仍傲然挺立,不屈不挠。那"朔吹"与"繁霜",正代表着诗人遭受到的坎坷境遇;而坚贞不屈的梅花,也是诗人始终坚持自我理想的象征。早开的蜡梅,是这么美,孤身一人的诗人,多想折一枝花,赠给万里之外思念的亲友,只可惜重重山水阻隔,路途

◎ 柳宗元像

遥远,亲友们想必是无法收到这份心意了! 而这份无法传达的想念,显得那么沉重而深远,更加重了诗歌的伤感情绪。

第三节 婀娜花姿碧叶长,风来胜隐谷中香 ——兰花

兰花属兰科,是一种单子叶植物,为多年生草本。由于地生兰大部分品种原产于中国,因此兰花又被称作"中国兰",相传浙江绍兴是兰花的故乡。

◎ 兰花

◎ 王羲之《兰亭集序》（局部）

兰花是一种以香著称的花卉，具有高洁、清雅的特点，历来为文人墨客所赞颂，不仅有"国兰""花中君子"等称号，甚至还被誉为"花草四雅"（兰花、水仙、菊花、菖蒲）之首。

据传，越国被吴国灭国后，越王勾践便在浙江绍兴渚山植兰明志。此越王种兰之处，汉代建成驿亭，后人便称之为兰亭。东晋大书法家王羲之于永和九年农历三月初三在兰亭写下闻名天下的《兰亭集序》。

古人爱兰，认为兰即是美好事物的代表。优秀的文章、书法被称为"兰章"，真挚纯洁的友谊被称为"兰谊"，朋友结交为兄弟被称为"金兰结义"，交换的谱帖被称为"兰谱"，贤人离世被称为"兰摧玉折"……甚至连传统戏曲的特定手势也被称为"兰花指"。兰花还是入馔的上品，兰花肚丝、兰花粥、兰花羹等，都是江南民间十分流行的佳肴，至今仍然深受广大人民的喜爱。

婀娜花姿碧叶长，风来胜隐谷中香。不因纫取堪为佩，纵使无人亦自芳。

清王朝的康熙大帝也是位兰花爱好者，这首语言简洁而形象的《咏幽兰》就出自这位千古帝王之手。姿态婀娜轻盈，茎叶纤长翠绿,正是兰花给人的第一印象。一阵风来,花香趁风飘遍山谷,令人闻之心旷神怡。"不因纫取堪为佩"一句化用了《离骚》"纫秋兰以为佩"的典故,屈原的人品高洁,佩戴的饰物自然也是十分高雅的;而即使没有人佩戴,兰花也依然默默散发着澄澈的芳香。"自芳"二字正点出了兰花孤芳自赏的品格特征。

❧ 知有清芬能解秽

兰花最为人称道的是它的香味。据传,春秋时候,兰(佩兰)被称为"国香",《左传》有言:"以兰有国香,人服媚之如是。"宋代诗人黄庭坚曾为之作注:

> 士之才德盖一国,则曰国士;女之色盖一国,则曰国色;兰之香盖一国,则曰国香。

"国士"与"国色"都是在类比"国香",将兰花的香气抬至非常高的地位。秦汉时候,兰有"王者香"之美誉;到了唐末五代时,江浙的兰花被称为"香祖";至明清,兰花又获得了"天下第一香"的称号。

兰花之香气,古人称为"幽香",其既芬芳浓郁,却又不致过于浓烈而显得刺鼻;而且往往借由风力飘至远方,有很强的穿透力和耐久力,如丝如缕,绵延悠长。古人甚至认为兰花的香味有"养鼻"的作用。

兰花的香味常被形容为"清香",此"清"非清淡的意思,而是指清澈纯净、清正高雅。清雅的兰花香甚至能够去除不好的味道,苏辙曾作"知有清芬能解秽",就是这个意思;王维亦有诗句"意苏瘴雾余,气压初寒外",意思是盛开的兰花意气风发,能够排除瘴气云雾,甚至在气势上压倒凛冽的寒风。

这里虽然主要写兰花的气势，但兰花之气势的最关键部分，则非花香莫属。

春秋时候，齐国上卿管仲每次临朝前都要洗"三薰之浴"，这种沐浴方式使用的是一种叫作蕙草的香草。事实上，这种蕙草也正是早期所谓的"佩兰"。管仲以佩兰洗浴，大概正是因佩兰之香吧。这种沐浴方式后来流传开来，渐渐演变成为一种驱邪祈福的仪式。

每年阳春三月，郑国（今河南）的士女们都会争相拿着蕙草在溱水、洧水边上举行驱邪仪式，同时祈求一年的吉祥。这种仪式后来传至鲁国（今山东），暮春时节，人们会聚集在沂水边祭天祷雨，并纷纷"以香药薰草沐浴"。

一直到明清时候，荆楚一带的民间仍然保留着"沐兰汤"的风俗。每年的农历五月初五，百姓或在溪流湖泊间，或在自家院落的池水中，以兰花等植物入汤沐浴，并且常常一边沐浴，一边欢畅高歌。

在中国传统文化中，兰之香不仅指向感官的愉悦，还特指兰的品格和本质，这与屈原和孔子的推崇有关。

爱国诗人屈原十分喜爱佩兰，常常以兰为伴，把秋兰结成挂饰佩在身上（"纫秋兰以为佩"），甚至还自己种植了大片的春兰和蕙草（"余既滋兰之九畹兮，又树蕙之百亩"），爱兰之情可见一斑。《离骚》中多次出现兰的形象，屈原大量描写了以蕙草为代表的香草，并将之比喻为美人，以兰之纯正的香气来象征自己高洁的品德和不屈的品性。这种比拟在后来的文学史中还形成了一种"香草美人"的传统，来比喻那些为国为民的忠贞贤良之士。

由于屈原的缘故，兰亦被称为"楚兰"。屈原与兰的不解之缘，在后代的诗歌中常常有所体现。诗人们写兰之时，往往

◎ 屈原像

会将其与屈原、与坚贞不屈的品格联系在一起。如王维有"婆娑靖节窗，仿佛灵均佩"，意思是气宇不凡的兰花就应该生长在隐逸之士陶渊明的窗下，佩戴于爱国诗人屈原的身上。元代诗人倪瓒的《题郑所南兰》则将南宋末年的爱国之士郑所南直接与屈原联系在一起：

秋风兰蕙化为茅！南国凄凉气已消。只有所南心不改，泪泉和墨写《离骚》。

国势衰亡之际，即使如兰花一样坚贞不屈的爱国之士也难以有所作为了；无论是屈原，还是郑所南，都只能将刻骨的亡国之痛，倾洒在象征君子的兰花之中。

除了屈原，欣赏兰之品性的还有古之圣人孔子。相传为孔子所作的《猗兰操》中有这么一段话：

芝兰生幽谷，不以无人而不芳，君子修道立德，不为穷困而改节。

在幽谷中生长的芝兰，不因无人赏识而不散发芳香；这正如修道立德的君子，不因穷困的外在环境而改变自己的节操。在这段话中，孔子将兰花人格化了，以兰花来比喻君子，同时也赞美了兰花坚定的节操。

这段话还有个相关的传说。

据说孔子周游列国，试图推行自己的政治主张，可是诸侯

◎ 孔子像

们都不能真正地赏识他。一次,孔子从卫国返回鲁国,途中在一个深谷里看到一丛茂盛的香兰。他不禁慨叹道:"兰花本来拥有王者的香气,而今却只能在这种地方与杂草为伍,真是可惜啊!"

想必那时的孔子,是将自己的命运投射至香兰的身上,感叹自己的怀才不遇吧!

事实上,孔子并不止这一次盛赞过兰的品质。据《孔子家语》记载,子夏由于同贤明之人相处而道德修养日益提高时,孔子曾称赞他:

> 与善人交,如入芝兰之室,久而不闻其香,即与之化矣。

这里孔子不仅将芝兰定性为"善",视作一种表达善良的花卉,而且将兰之香描述成一种正面的道德力量,能够对他人起到育德和感化的作用。

屈原和孔子对以兰之香气为代表的兰品格的大力颂扬,确立了中华兰文化的主流思想。

赏兰描形亦重意

事实上,屈原与孔子时代的"兰",与今日我们所谓之"兰花",并不是同一样事物。明代著名医药学家李时珍在其著作《本草纲目》中,用了大量篇幅并绘图来辨析兰草(佩兰)与兰花的区别。兰草既芬芳,又有一定的药用价值,可以佩戴在身上,或做成枕头,或熬制成膏做灯料或药用,或煮汤来沐浴,或焚烧来熏香,即"可纫、可佩、可藉、可膏、可浴、可焚",而兰花并没有这样的多种功能。

大致来说,晚唐以前的"兰"大多指的是菊科的佩兰,《本草纲目》中载其名为"千金草",俗名"孩儿菊";而晚唐之后的"兰"就基本上指兰科兰属兰花了。不过,在中国传统文化中,兰草与兰花二者实际上是难以具体区分的,它们都是中华兰文化的重要组成部分。

在屈原和孔子的时代,人们对兰的鉴赏和赞颂都主要依据以兰之香味为代表的自然属性,但也逐渐将民族精神和人文思想灌注于赏兰的过程中。随着时间的推移,人们不仅关注兰之香味,也愈来愈重视兰的形态了。

南宋赵时庚所著的《金漳兰谱》是我国最早的兰花专著,其中最早提出了兰花叶艺,并对兰花进行分色,不仅开启了赏叶的新鉴赏方向,还确立了兰花花色的欣赏标准。

到了元明时期,在兰花欣赏领域,拟人化的鉴赏方式已经非常普遍,例如"皱眉""含笑"等词汇常被用来描述兰花的形态。此时最受欢迎的兰花品种为素心兰。素心兰的花朵颜色纯,没有杂色;花萼、花瓣、花梗为同一颜色,且无其他色的条纹、斑点。素心兰中尤以纯白色者为上品。

◎ 素心兰

所谓"素心",不仅是一

种外观的审美取向,还代表着一种纯洁、高雅的价值取向。清代著名文人纪晓岚曾为"素心"下定义:

> 心如枯井,波澜不生,富贵亦不睹,饥寒亦不知,利害亦不计,此为素心者也。

所谓素心者,秉持自心,不受外界环境的影响,"不以物喜,不以己悲",宠辱不惊,正是中国古代文人所孜孜不倦追求的人生境界。素心兰受到文人的追捧,也就自然而然了。

明清两代,兰花的培育工艺越发成熟,一代代匠人经过总结提炼,确定了兰花的瓣形理论,分别以梅、荷、水仙等加以命名。大体而言,梅瓣兰花的萼片短圆舒展而不卷,形似早春之寒梅;荷瓣兰花的萼片与花瓣均宽阔,形似荷花;水仙瓣兰花的萼片狭长,内侧三瓣片渐次向外舒展,形似水仙。

在中国古代文化中,梅、荷、水仙都与坚贞、纯洁、高雅等概念相关,以此三种花卉命名兰花的品种,不仅取其形似,更象征了兰花独特的个性特征。宋代文人王贵学有《王氏兰谱》,其中言:

> 世称三友,挺挺花卉中,竹有节而啬花,梅有花而啬叶,松有叶而啬香,唯兰独有之。

确实,既有美丽的花朵,又有修长的叶子,还兼具芬芳的香味的,恐怕只有兰花了吧!无怪乎从古至今,许多人爱兰成痴。

文人心寓兰花中

唐代大诗人李白曾作诗曰:

为草当作兰,为木当作松。兰秋香风远,松寒不改容。

李白的这首诗,道出了许多文人对兰花的推崇态度。事实上,兰花常常是古代文人寄托自己心志的精神安慰。

清代有一位著名的画兰大家华秋岳,他曾经画一幅长五丈的兰花纸卷,只用煮一顿饭的工夫就完成了。他所画的兰花被称赞为"清而不媚",这既是对所画之兰花的形容,也是对作画者本人君子风骨的赞扬。毕竟,画如其人,只有心怀坦荡者才能画出雅致脱俗的兰花吧!

有时,怀才不遇者借兰花表明自己壮志未酬的感伤。

◎ 陈子昂像

唐初诗文革新的重要人物陈子昂有《感遇》诗,其二曰:

> 兰若生春夏,芊蔚何青青。
>
> 幽独空林色,朱蕤冒紫茎。
>
> 迟迟白日晚,袅袅秋风生。
>
> 岁华尽摇落,芳意竟何成!

生于春夏之际的兰花,郁郁葱葱,十分茂盛;红花紫茎的绚丽色彩为幽静的山谷增色不少。这时兰花正如诗人出众的才华一般,摇曳生姿。然而,随着时间流逝,由夏至秋,白天渐短,乍起的秋风使万物渐渐凋零。在风刀霜剑的摧残下,兰花也渐渐枯萎凋零了,正如渐渐老去的诗人,虽然拥有才干,却始终报国无门。

有时,国破家亡者借兰花表明自己对国家的矢志不渝。

宋代著名画家赵孟坚,为宋太祖世孙。宋亡之后,他隐居

◎ 郑板桥像

画兰以表忠贞。至今北京故宫博物院内还保留着他的两幅春兰卷，其中一幅还有作者题诗：

六月衡湘暑气蒸，幽香一喷冰人清。曾将移入浙西种，一岁才华一两茎。

兰花的幽香甚至有解暑的效果，诗人爱兰之心跃然纸上。

有时，桀骜不驯者借兰花表明自己绝不同流合污的决心。

清代著名文人郑板桥可谓"兰痴"，兰与竹都是他所喜爱的作诗绘画的题材，但是他认为画兰更容易显示出画家的人品，因此画竹易，画兰难，甚至有"一世画兰，半世画竹"的感叹。

郑板桥创作了许多题兰诗，其中最有名的当属《题破盆兰花图》：

◎ 郑板桥《兰石图》

春雨春风写妙颜，幽情逸韵落人间。而今究竟无知己，打破乌盆更入山。

风姿美妙的兰花志趣高雅，却知音难觅。正如诗人自己，虽一度进入仕途，但却与浑浊的官场格格不入。"打破乌盆"，就是要兰花冲破束缚,重回大自然的怀抱,这其实是借写兰花来抒发诗人自己追求自由的决心。在现实中,郑板桥也确实最终罢官归乡,以画为生,挣脱了官场的樊笼。

有时,洁身自好者借兰花表明自己高风亮节的追求。

身为宋之遗民的郑思肖有四言诗《画兰》：

纯是君子,绝非小人。
深山之中,以天为春。

◎ 郑思肖像

诗歌极直白而又斩钉截铁地表明兰花高尚的品格,同时也抒发了诗人自己高洁的志趣和孤傲的风采。"纯是""绝非"四个字体现了一种毫不妥协的大无畏精神。空山幽谷之中,以大自然作为生命的动力,这正是兰花值得人们钦佩的本色,而立志隐逸的诗人,正要以这兰花作为榜样,始终坚持自己的信仰。

第四节 接天莲叶无穷碧，映日荷花别样红
　　　　——荷花

荷花，又名"莲花""水芙蓉"等，属睡莲科多年生水生草本花卉。其地下茎长而肥厚，有长节，叶呈盾圆形。荷花的花期在六至九月间，有红色、粉红色等多种颜色，或有彩纹、镶边。

106

◎ 荷花

按照栽培目的，荷花的品种大致可分为藕用莲、子用莲、观赏莲三大类，而每一类中又有不同品种。如观赏莲中就有花形多变的"千瓣莲"、一柄两花蕊的"并蒂莲"、一柄四花蕊的"四面莲"等。

在中国古代典籍中，荷花有许多别称，如《诗经》中称菡萏、荷华，《离骚》中称莲华、芙蓉，《毛诗传》中称扶渠，《尔雅》中称芙渠，《本草纲目》中称水华，《群芳谱》中称水旦、水芙蓉……称谓的丰富恰好说明了古代人民对这种水生植物的喜爱之情。

唐玄宗时期，太液池中有数枝千叶白莲盛开，皇帝便设宴邀请皇亲国戚一起观赏，这进一步推动了赏荷享乐的风气。

后来,人们便常把富贵之家的官邸称作莲花池,借莲花表达家道昌盛的吉祥之意。

古往今来,许多诗人都曾作诗吟咏荷花,而其中最广为人知的莫过于南宋诗人杨万里的《晓出净慈寺送林子方》:

毕竟西湖六月中,风光不与四时同。接天莲叶无穷碧,映日荷花别样红。

太阳刚刚升起,诗人陪着朋友走在路上,谈笑风生。那西湖翠绿的荷叶是多么茂盛,一片片连缀相接,仿佛要涌到天边,使人感觉就像置身于无穷的碧绿之中一般;而娇艳的荷花,在初升阳光的照射下,显得格外红艳夺目。短短十四个字,诗人就将荷花蓬勃盛放的风姿描绘得淋漓尽致,难怪是千古流芳的佳作。

荷花一身都是宝

婀娜多姿的荷花在中国有着非常悠久的栽培历史。考古专家在河南发掘仰韶文化时期的"房基遗址"时,曾发现两粒已炭化的莲子,这成为五千年前人们食用莲子的最早证据。而《尚书·周书》中也有"数泽已竭,即莲掘藕"的记载。

两千五百多年前,吴王夫差为了让喜爱荷花的宠妃西施赏荷,曾在自己的离宫修筑"玩花池",这可能是最早对荷花进行园池栽植的记载。到了唐以后,盆栽荷花就已经比较普遍了,韩愈《盆池莲》一诗中"莫道盆池作不成,藕梢初种已齐生"的句子就是很好的佐证。

荷花对环境有着很强的适应性。在枯水季节,湖泊边缘一带的地面往往会变得比较干燥,但只要地下保持着一定的湿度,荷花的地下茎——藕就会坚持不懈地伸向含水的土层,吸收自身生长所需的水分和营养物质。即使地面上的茎干已经干枯，只要地下茎不干瘪、不冻坏，等来年湖泊进水后，荷花仍有可能萌发出新叶。

而荷花种子有着更为惊人的生命力。那些散落在泥土中的莲子在恶劣条件下不萌发，却能长期保持活力，一旦条件适宜，便会萌发新株延续后代。1951年，我国辽宁省新金县普兰店的泥炭层中发掘出千年前的古莲子，经过专家细心的播种繁育，最后竟然成活，育出了现已开遍中华大地的"中国古代莲"，不得不让人惊叹荷花超强的生命力。

荷花不仅花朵美丽，它全身上下都是宝。

荷花的地下茎在水下泥土中呈水平方向延伸，在条件适宜的情况下，地下茎长至三到五节即可成藕，也就是我们常说的莲藕。藕的横切面上有大小不一的圆形或扁圆形的气孔；折断后有丝相连，即藕丝，其实质是一种黏液状木质纤维素。莲藕多汁、甜脆可口，还蕴含着丰富的营养物质，如淀粉、蛋白质和维生素C等。它不仅可以当成水果生吃，还可以做汤、炒菜，深受中国百姓的喜爱。如今中国的许多地方都以莲藕作为经济作物种植。

藕还有很高的药用价值，汉代的《神农本草经》中有记载："莲藕补中养神，益气力，除百疾，久服轻身耐老，不饥延年。"可见古人相信长期食藕，不仅能够延年益寿，还能祛除百病。相传东汉神医华佗曾以藕皮作为主要材料制成一种膏药，将这种膏药涂敷于病者手术后的伤口上，

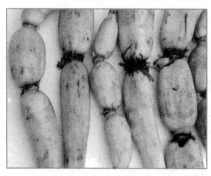
◎ 莲藕

只需数日伤口即可愈合。

荷花的叶片中部稍凹,多呈浅漏斗状。当水珠落在荷叶上时,由于叶片表面张力大于附着力,所以水珠会向低处滚动,在阳光之下,形如粒粒珍珠,光彩夺目。荷花池中大片荷叶茂盛时风景特别好,欧阳修就有一首名为《荷叶》的诗:

池面风来波潋潋,波间露下叶田田。谁于水面张青盖,罩却红妆唱采莲。

微风轻拂池面,泛起层层的涟漪,波光粼粼。远远望去,那荷叶片片挺拔,各自相连,就像在池面之上撑起了把把青色的伞盖,煞是好看。

而碧绿的荷叶配着红色的荷花更是惹人喜爱,宋代诗人文同有诗句"金红开似镜,半绿卷如杯",就是写红莲在阳光照射下泛着金红,与尚未完全展开的新荷叶相互辉映的美景,花红叶绿,真是绝妙的搭配。

◎ 漫天荷叶

晚唐著名诗人李商隐还有一首《赠荷花》的名诗,述说了荷花与荷叶始终相伴的忠诚:

世间花叶不相伦,花入金盆叶作尘。

惟有绿荷红菡萏,卷舒开合任天真。

此花此叶长相映,翠减红衰愁杀人!

这世上许多花卉,花朵与叶子常不能同时留存,往往花朵被植入盆中之时,叶片部分就会被抛弃。唯有那自然生长的荷花,红色的花苞始终与绿色的叶片相依相映,一起享受盛放的美好,也一起承担衰败的命运。诗人其实是在以写荷花来讽世情:世人所结交的朋友们,有几个能像荷花与荷叶一般,死生与共,不离不弃呢?

荷叶是一种重要的食材,唐代已出现了"荷包饭",柳宗元的诗句"绿荷包饭趁墟人"就是佐证。而我国八大菜系名菜谱中,以荷叶为辅料的名菜也不少,如"荷叶粉蒸肉""荷叶包鸡"等,都是人们十分喜爱的佳肴。

荷花的种子即莲子也有丰富的营养价值。莲子善于补五脏不足,通十二经脉之气血,使气血畅而不腐,不仅能够防癌抗癌,还有降血压、强心安神、滋养补虚、清心、祛斑等功效。在日常生活中,人们常常用糖烹调莲子,做成糖莲子或莲子

◎ 莲子

汤,或者加在糕饼里。在中秋节的月饼中,莲蓉是常见的馅料,而其实际上就是以打碎的莲子加上油和糖与其他香料制作而成的。

秋冬季节果实成熟时,人们割开荷花的莲蓬,就能得到莲子。在中国古代,采莲这项劳动似乎很受文人的青睐,采莲女的形象常常出现在古诗词中。许多诗人以《采莲曲》为名作诗,如李白之作:

若耶溪傍采莲女,笑隔荷花共人语。

日照新妆水底明,风飘香袂空中举。

岸上谁家游冶郎,三三五五映垂杨。

紫骝嘶入落花去,见此踟蹰空断肠。

夏日的若耶溪傍,采莲女们悠闲地采着莲子。美丽的荷

花映照着美丽的采莲女,满池子的欢声笑语。灿烂的阳光照耀着采莲女的新妆,水底也呈现出一片光明。一阵风过,衣袖无意被吹起,荷花的香味与女子的体香一起飘荡于空气之中。河岸边上,风流少年在那里徘徊,三三五五地躺在垂杨的树影里,身边的紫骝马嘶叫声声,落花纷纷。这样的美景,怎能不叫多情的人们踟蹰不前,空断愁肠呢!

王昌龄也有同名之作:

荷叶罗裙一色裁,芙蓉向脸两边开。乱入池中看不见,闻歌始觉有人来。

采莲女衣裳的颜色与荷叶的颜色简直一模一样,而红润的脸颊与盛开的荷花也容易让人分辨不清。当采莲女们进入莲池后,真是一时分辨不出哪里是荷叶,哪里是衣裳;哪些是荷花,哪些是人面。直到听见了采莲女的歌声,才知道她们正穿行于荷花丛中采莲呢。

以采莲女为主人公的诗作,宛如一幅幅生动的图画,那些代表着青春的采莲姑娘们,栩栩如生,如在眼前。

出自淤泥而不染

唐代诗人陆龟蒙有《白莲》一诗:

素花多蒙别艳欺,此花端合在瑶池。还应有恨无人觉,月晓风清欲堕时。

人们都喜欢那些色彩艳丽的花卉,而很少能有人真心欣赏素雅的白荷花。诗人陆龟蒙却认为,这冰清玉洁的素花美如天仙,真应该生长在西王母的瑶池仙境之中——这种淡雅高洁的特质,也正是古人对荷花的一致评价。

事实上,早在先秦时期屈原的《离骚》中,荷花就已经以

◎ 白莲花

纯洁的形象出现了:"制芰荷以为衣兮,集芙蓉以为裳。不吾知其亦已兮,苟余情其信芳。"

屈原要把菱叶裁剪成上衣,用荷花织就成下裳,只要自己的品质果真是芳洁无瑕的,就算没有人了解也无所谓。在这里,荷花代表着美好的事物,屈原以荷花为衣裳,实际上就是以荷花来代表洁身自好的品质,同时象征自己高洁的生命志趣。

三国时的陈思王曹植曾作《芙蓉赋》,其中形容荷花时曾言:"览百卉之英茂,无斯花之独灵。"确实,在古人眼里,荷花的灵性是无人能及的。荷花也常常与女子的冰清玉洁联系在一起。《红楼梦》中,贾宝玉在给晴雯的诔词《芙蓉女儿诔》中就将素雅的芙蓉花与纯洁的女性联系在一起:

其为质,则金玉不足喻其贵;其为性,则冰雪不足喻其洁;其为神,则星日不足喻其精;其为貌,则花月不足喻其色。

◎ 坐于莲花台上的佛像(香港大屿山天坛大佛)

在佛教之中,荷花更是崇高、圣洁的象征。佛国又称"莲花净土",佛的最高境界是"莲花藏界",佛祖的塑像置于莲台之上,甚至连佛祖的坐姿("左足先著右上,右足次著左上")亦被称为

"莲花坐"。佛教经典中记载着许多佛教创始人释迦牟尼与莲花相关的传说。

据说释迦牟尼(悉达多太子)的母亲,长着一双莲花一般的大眼睛。悉达多太子降生之时,宫内的大池塘中突然长出了一朵白莲花,大如车轮一般。就在这时,悉达多太子的舌头中闪出了千道金光,而每道金光又化作一朵千叶白莲,每朵白莲的中间还坐着一位盘脚交叉、足心向上的小菩萨。也有传说,悉达多太子出世后,立刻下地走了七步,每一步都生出一朵莲花。

总而言之,莲花即是释迦牟尼诞生的象征,释迦牟尼因此也被称为"莲花王子"。

在佛教中,莲花还被认为是修行程度的象征。假如佛教徒诚心念佛,那么,西方七宝池中就会生出一朵莲花。如果他能坚持精进佛法,那朵莲花就会越长越大;如果他怠惰于修行,则莲花就会渐渐枯萎,甚至败落。而七宝池中的莲花,则据传说是世上万物化生的源头。

佛教究竟为何与荷花有着如此不解之缘? 这与荷花"出淤泥而不染"的特质有着重要关系。荷花生长在淤泥之中,可花朵却洁净如水,不能不令人感叹。而佛教认为人世间充满着"六尘"(色、声、香、味、触、法)的污染,欲望令人们难得平静与洁净,这繁杂的尘世正如荷花所生长的淤泥一般。

佛教旨在解脱人生的苦难,以佛法指引佛教徒们从人生苦海中超脱、重生。而要想进入彼岸的极乐净土,就必须摒除一切恶念,清除所有的干扰,专心修佛。这种不受尘世污染的愿望,正与在污泥浊水中保持超凡脱俗本体的荷花有着本质上的相通之处,因此"出淤泥而不染"的荷花自然就成为佛教理念最好的象征物。

🌸 莲(怜)藕(偶)多言情

相传王母娘娘身边有一个极其美貌的侍女,名为玉姬。一次,玉姬无意间看见人间男耕女织的生活,长久以来生活在天庭的她十分羡慕人间那些双双对对的夫妻。于是,在一次偶然的机会下,动了凡心的玉姬与河神的女儿一起偷偷离开天宫,来到杭州的西子湖畔。

西湖优美秀丽的风光让玉姬不禁陶醉了,她忘情地在西湖中游玩嬉戏,流连忘返,甚至直到天亮时分也不舍得离开。没过多久,玉姬偷出天宫的事情就被王母娘娘知道了,娘娘十分生气,便将玉姬罚入凡间,并让她陷入西湖淤泥之中,永世不得再回天庭。从此以后,这位来自天庭的仙女便化为人间的荷花。

假如美丽的荷花是由仙女幻化而成的,那么以荷花来形容女子的美好真是再恰当不过了,《西京杂记》中就曾以芙蓉花来形容卓文君的美貌。传说南齐东昏侯曾用金子凿成莲花的形状,贴在地上,令妃子行走在上面,并称之为"此步步生莲花也"。后人也因此称美人之步伐为"莲步",而女子的纤纤细足为"金莲"。宋代诗人孔平仲《观舞》一诗就有"云鬟应节低,莲步随歌舞"的句子。

除了美人,荷花似乎天生还与浪漫的爱情有着难解的缘分。

由于"莲"与"怜"音同,莲藕之"藕"字与配偶的"偶"字谐音,因此,古诗中有不少借写莲花或莲藕来表达爱情的诗句。

南朝乐府民歌《西洲曲》中有名句:

采莲南塘秋,莲花过人头。

低头弄莲子,莲子清如水。

置莲怀袖中，莲心彻底红。

忆郎郎不至，仰首望飞鸿。

这里"莲子"即"怜子"，表达"爱你"的意思；"莲心"即"怜心"，意思是相爱之心。在虚虚实实的描写之中，歌者以谐音双关的修辞表达了一个女子对所爱之人深切的思念之情。这爱情如此纯粹而美好，难怪打动人心。

同样是写《采莲曲》，在白居易的诗作中，采莲的姑娘也有了心爱的人儿：

菱叶萦波荷飔风，荷花深处小舟通。逢郎欲语低头笑，碧玉搔头落水中。

只见菱叶于水面静静飘荡，荷叶在风中轻轻摇曳，荷花丛深处，一只采莲的小船轻快地穿梭着。采莲的姑娘碰见自己的心上人，想跟他打招呼，又怕被别人笑话，只得低头羞涩地微笑。恍惚之中，头上的玉簪竟一不小心掉落到了水中。这情景多么生动，那姑娘多么可爱，让人不觉会心一笑。

娇艳的莲花象征着动人的爱情。在中国古代，荷包是男女之间定情的常见信物，传递着爱情的信息。而两花紧紧相依的并蒂莲花，更是男女相依相偎、永不分离的象征，因此人们常用"并蒂莲开"表示夫妻之间形影不离、终身相伴、白头偕老的爱情。

有合则有分。莲藕之中有千万条细丝，难解难分，很适合用来表现男女之间关系的缠绵缱绻。"藕断丝连"这个成语，意思就是男女虽然分手，但情意未绝。

中国人对荷花的喜爱是

◎ 并蒂莲花

长久而深厚的。在古代，我国一些主要的荷花产地会在每年的农历六月二十四日这一天举行观莲节。节庆的主要内容是在荷花塘中一边泛舟，一边赏荷，这也是爱侣结伴游玩的好机会。

而七月十五中元节这天，一些地方又有放荷灯（河灯）的习俗。或以天然荷叶或琉璃制成盛器，点烛做灯，或将莲蓬挖空，燃烛于内。制成之后，人们将荷灯沿河放下，任其随波逐流，以此来普度水中漂泊的魂魄。而今天，放荷灯已成为一项带有民俗色彩的文化娱乐活动。

第五节　欲知却老延龄药，百草摧时始起花 ——菊花

菊花，别名"寿客""金英""黄华"等，多年生菊科草本植物，其花瓣呈舌状或筒状，在中国有三千多年的栽培历史。

在中国古代传统文化中，菊花蕴含着吉祥、长寿等意义。例如，常青的松和晚开的菊花的组合被称为"松菊延年"，用来祝愿老人长寿；而长寿鸟仙鹤与菊花的组合也有类似的意思，名为"菊鹤延年"；古人还认为，菊花和枸杞都是神仙服食而能得长生不老的药物，因此菊花与枸杞相组合也代表着长寿的美好愿望。因为与菊花的关系密切，九月九日重阳节同时也被定为老人节。除此之外，鹌鹑、菊花与落叶意为"安居乐业"，蝈蝈与菊花则成"官居一品"……菊花还代表着一种

对美好生活的追求。

　　共坐栏边日欲斜,更将
金蕊泛流霞。欲知却老延龄
药,百草摧时始起花。

　　这是宋代大文豪欧阳修
所作《菊》诗,全诗似乎全着
眼于人物活动和人物心理,
却从侧面写出了菊花的内在
品质,可谓含蓄而巧妙。

◎ 菊花

　　傍晚时分,夕阳西斜,欧阳修与友人坐在栏边,一边喝着
美酒,一边欣赏着金灿灿的菊花。这菊花是可以延年益寿的
良药,只在这百花凋零的时候才茁壮成长。此诗似乎在告诉
我们:这世间的许多东西,如果像春花一样浅薄浮躁,那总有
一天会被时间淘汰;只有像菊花一样经过深厚的积累,才能够
在寒冷的季节里屹立不倒。

自有渊明方有菊

　　提到菊花,则不能不提到东晋诗人陶渊明。可以说,菊花
正是由于陶渊明的青睐,而逐渐进入了中国主流文人的视野。
这当然不意味着在陶渊明之前无人赏识菊花,正如南宋诗人
范成大所说的那样:"名胜之士未有不爱菊者,至渊明尤爱之,
而菊名益重。"

　　陶渊明,字元亮,号五柳先生,世称靖节先生,入刘宋后改
名潜。年幼之时,陶渊明也曾怀着"大济苍生"的理想,投身
于官场仕途之中。但是,黑暗的官场不仅不能使他发挥自己
的才干,反而令刚正不阿的他一次次感到失望乃至绝望。

◎ 明王仲玉《陶渊明像》（局部）

在陶渊明入仕的第十三年个年头，他经由叔父陶逵的介绍，担任彭泽县令。到任八十一天时，浔阳郡督邮到彭泽县巡视，属吏告诉他要整肃衣冠迎接督邮。陶渊明受够了这种趋炎附势的生活，便说："我岂能为五斗米，折腰向乡里小儿！"之后辞去职务，结束了自己十三年的仕宦生活。五斗米是晋代县令微薄的俸禄，后来人们即以"不为五斗米折腰"来比喻为人清高，有骨气，不为利禄所动。

陶渊明辞官之后，隐居乡里，过着自给自足的躬耕生活。而这时候，菊花成为了他最重要的伙伴和知己。

许多文献都记载着这样一则陶渊明与菊花的故事。

有一次，正值九月九重阳节时分，院子里的菊花开得灿烂，正好适合边饮菊花酒边赏菊。可是，陶渊明却苦于无钱沽酒。他只好独自坐在庭院中的菊花丛里，一边痴痴地赏着菊花，一边空食菊花。良久，一个穿着白衣的人向他走来，原来是朋友王弘给他送酒来了。陶渊明来了兴致，便就着菊花畅饮起来，一直到喝醉了才回家。

其诗《九日闲居》序中说：

余闲居，爱重九之名。秋菊盈园，而持醪靡由，空服九华，寄怀于言。

"九华"即菊花，无酒而空服菊花，看来这首诗就是为了

记述这件事而作。诗云:

> 世短意常多,斯人乐久生。
>
> 日月依辰至,举俗爱其名。
>
> 露凄暄风息,气澈天象明。
>
> 往燕无遗影,来雁有余声。
>
> 酒能祛百虑,菊解制颓龄。
>
> 如何蓬庐士,空视时运倾!
>
> 尘爵耻虚罍,寒华徒自荣。
>
> 敛襟独闲谣,缅焉起深情。
>
> 栖迟固多娱,淹留岂无成。

人生在世,不过是白驹过隙短短一瞬而已,人们害怕时间的流逝,害怕老去,因此特别渴望能够长生不老。一年一度的重阳节如期而至了,这个以双九为名的节日,因为"九"与"久"谐音,所以特别能够唤起人们对于长寿的渴求。

在这个秋高气爽的日子,露水凄凄,暖风已息,清澈的空气萦绕四周,已经飞走的燕子没有留下一丝踪影,而北来的大雁则传来声声余响。据说酒能祛除心中的种种忧虑,菊花能够使人延缓衰老,可是诗人的酒杯中什么也没有,只是积满了灰尘。他不禁自叹:难道我这隐居的贫士啊,只能让这样的佳节白白过去吗?

诗人并不仅仅因为无酒可饮而悲伤,同时也悲叹社会的黑暗与自身命运的坎坷。还好有盛开的菊花陪伴着这位孤独的隐者,使他不致绝望而消沉。

陶渊明将菊花作为一种观赏植物栽植于庭院之中,这被认为是我国最早出现的家菊。爱菊成痴的陶渊明常常将菊花作为诗歌的吟咏对象,其中最有名的莫过于《饮酒》组诗的第五首:

结庐在人境，而无车马喧。

问君何能尔？心远地自偏。

采菊东篱下，悠然见南山。

山气日夕佳，飞鸟相与还。

此中有真意，欲辨已忘言。

这首诗表现出陶渊明隐居生活的真正意趣。"心远地自偏"，即只要自己心里安宁，思想摆脱了世俗的束缚，纵使身处闹市之中，也与居住在僻静之地是一样的。这种绝不与凡俗同流合污的决心正是陶渊明能够保持自己独立人格的原因。

"采菊东篱下，悠然见南山"一联，极为后人所称道，苏东坡曾赞其"境与意会，最为佳妙"。傲霜超俗的菊花，正如卓然挺立的诗人一样，都是这世上的孤独者，因此，诗人才以菊花作为自己精神的安慰。在采菊的间隙，偶然瞥见的南山，寂静而美好。一切都显得如此自然而然，悠闲自在。而从此以后，菊花也成为隐逸的代表。

唐以后，菊花逐渐成为陶渊明的象征，二者之间的关系简直密不可分。文人写菊花，常常也会写到爱菊的陶渊明。

如辛弃疾《浣溪沙》：

自有渊明方有菊，若无和靖即无梅。

李白《九日登山》：

渊明归去来，不与世相逐。为无杯中物，遂偶本州牧。因招白衣人，笑酌黄花菊。

杨万里《赏菊》：

菊生不是遇渊明，自是渊明遇菊生。岁晚霜寒心独苦，渊明元是菊花精。

"东篱"也因此成为咏菊花的固定搭配之一，如郑板桥《画菊与某官留别》：

吾家颇有东篱菊,归去秋风耐岁寒。

后人以菊花喻陶渊明,其实是以菊花的不畏严寒来赞誉他傲骨铮铮的脊梁和洁身自好、安贫乐道的高尚品质。菊花与陶渊明,就像一对拆分不开的知己,互相扶持,互相安慰,就这么相伴着,走在历史的长路上。

理用相兼宋人爱

唐人挚爱牡丹,而宋代文人则推重菊花,因为菊花最符合他们理用相兼的评价标准。菊花傲霜而立,有君子之风度、隐士之气质,同时,又有很高的实用价值。对此,宋人刘蒙说得很准确:

夫以一草之微,自本至末无非可食,有功于人者,加以花色香态纤妙闲雅,可为丘壑燕静之娱。然古人取其香以比德,而配之以岁寒之操,夫岂独然而已哉!

菊花不仅实用价值高,"有功于人者",而且还有审美功能,同时兼备"岁寒之操",难怪为宋代士大夫所青睐。

南宋胡少沧曾概述了菊的七大功效,谓之"七美":

尝试述其七美,一寿考,二芳香,三黄中,四后凋,五入药,六可酿,七以为枕,明目而益脑,功用甚博。

其中,"黄中"是以五行的观念来描述菊花的黄色,"芳香""黄中""后凋"都是指菊花的自然属性。而其余四美则涵盖了菊花的食用及药用功能。

关于菊花的实用价值,同为南宋人的史正志所言则更为简洁:"苗可以菜,花可以药,囊可以枕,酿可以饮。"

作为常用中药材,菊花不仅能够疏风、清热,更有明目、解毒的功效,有助于治疗冠心病、降低血压、预防高血脂、抗菌、抗病毒等。正如明人李时珍的《本草纲目》中所记载：

菊，春生夏茂秋花冬实，备受四气，饱经露霜，叶枯不落，花槁不零，味兼甘苦，性禀中和。昔人谓其能除风热，益肝补阴，盖不知其得金水之精英，尤多能益金水二脏。

古人认为菊花能够益寿延年，多有服食菊花而成仙升天的记载。

据东汉《风俗通》记载，南阳郦县有处地方名为甘谷，谷中的泉水十分甘甜。传说山上有大片菊花，泉水正是从那里流出来的。有了这被菊花滋养过的泉水，谷中三十几户人家不再打井了，全都喝这泉水。久而久之，人人都身体康健，年纪最大的活到一百二三十岁，活到百岁的也不少，最短命的也有七八十岁。

在现实生活中，仅仅依靠菊花就想达到长命百岁，甚至长生不老的目的是很难的，但适当并正确地服用菊花制品确实有延年益寿的保健养生效果。事实上，陶渊明对于菊花酒的喜爱，也许亦与其养生的需求相关。据记载，陶渊明的身体状况一直不佳，而其诗歌中亦不乏养生保健的内容。可以说，除了菊花所象征的品质之外，他也重视菊花的药用价值，而这种倾向在宋人那里得到了传承和发展。

宋代士大夫重视理用兼备的菊花，进一步阐发出其君子人格，正如刘克庄所言：

菊之名著于周官，咏于诗骚。植物中可方兰桂，人中惟灵均、渊明似之。

其首先推重菊花的历史，进一步认为菊花的品格只有兰、桂这样不俗的香草才能够媲美，也只有如屈原、陶渊明这样的高洁之士才可以相比。正是出于这种庄重的价值观，宋人只将黄色与白色作为菊花之"正色"，而将其他视作杂色。宋代刘蒙的《刘氏菊谱》是我国第一部菊谱,其中以黄为正,其次为白,再次为紫,而后为红,这种排列顺序对后代影响很深。

出于这种审美观,与其他花卉相比,宋人也很少将菊花比喻为女子。这是因为宋人认为菊花好似君子,若勉强将其比作女子,是对其的不尊重。对此,刘蒙也曾作出解释:

> 愚窃谓菊之为卉,贞秀异常,独能悦茂于风霜摇落之时,人皆爱之,当以贤人君子为比可也。若辄比为女色,岂不污菊之清致哉?

但这也不是绝对的,宋代著名女词人李清照就曾以菊花自比:

> 薄雾浓云愁永昼,瑞脑销金兽。佳节又重阳,玉枕纱厨,半夜凉初透。
>
> 东篱把酒黄昏后,有暗香盈袖。莫道不销魂,帘卷西风,人比黄花瘦。

这首《醉花阴》,是新婚不久的李清照向离家外出的丈夫赵明诚表达相思之情的作品。

据说赵明诚收到这首词作之后,赞叹不已,随即又燃起了好胜的念头,想要写一首比它更好的

◎ 李清照像

123

词。他甚至为此闭门谢客三天,废寝忘食,终于创作出五十首词作。随后,赵明诚将所有的作品都交给朋友陆德夫评鉴,中间还夹杂着李清照的那首《醉花阴》。陆德夫读罢,告诉赵明诚:"这其中,只有三句最佳。"赵明诚忙追问是哪三句。陆德

夫答道:"莫道不销魂,帘卷西风,人比黄花瘦。"从此,赵明诚对妻子的才学甘拜下风。

在这首词作中,李清照刻画出一个栩栩如生的思妇形象。又是重阳,人逢佳节倍思亲,独自在家的词人,辗转难眠。"东篱"二字从陶渊明诗中化出,有一种淡淡的隐者气息;而"人比黄花瘦"五个字,把因为思念夫君而失魂落魄、消瘦不已的自己比作菊花,更是惟妙惟肖,令人称绝。

李清照对菊花的偏爱,一直延续到晚年。然而,国破家亡、丈夫早逝,以及贫寒拮据的生活摧残着这位敏感的词人,渐渐让她笔下的菊花变得愈加悲凉而沉重了。在其晚年的代表作《声声慢》中,一句"满地黄花堆积,憔悴损,如今有谁堪摘",道出多少凄凉与哀愁,令人不禁黯然神伤。

🌀 傲霜气势悲秋意

菊花为什么以"菊"为名呢?有一种说法很有意思:"菊本做鞠,从鞠穷也,花事至此而穷尽也。"百花凋零,菊花始开,因此,菊花本质上就带有一种时令的象征意义。古人将菊花开放的季节称为"菊花天",陆游诗作中就出现了"鱼市人家满斜日,菊花天气近新霜"的句子;而四川等地现在还流行着"过了九月九,下种要跟菊花走;菊花开满山,豆麦赶快点"的农事谚语。

除了时令的象征意义,在中国传统文化中,菊花还有丰富的寓意。

菊花是君子美好品德的代表。在《离骚》中,除了兰与荷,菊的意象也多次出现:"朝饮木兰之坠露兮,夕餐秋菊之落英。"这里的"朝饮"和"夕餐"使用了互文的修辞,即早晚都要服食木兰花上的露水与菊的落花;而"木兰之坠露"与"秋菊之落英"又有一种象征意义,即代表着美好的品德,所以屈原实际上是表示自己早晚都要进行自我修养,以达到品德完善的境界。

受到屈原的影响,古人多将菊花与德行相联系。《晋书·罗含传》中记载了一件奇事:桂阳耒阳人罗含为官十分清正,年老辞官回乡,当他到家的时候,庭院里忽然生出了丛丛兰花和菊花。人们都认为这些花是受罗含德行所感才长出的。

菊花的外表十分柔弱,然而在寒冷气候中开放的它,自有一种凌风傲霜的骨气,因此菊花同时也是自强不息精神的代表。

南宋著名女诗人朱淑真的一生十分不幸。出生官宦之家的她自小就显露出过人的才华,少女时期曾有过一段美好的恋爱经历。然而,恋情遭到了父母的反对,她不得已而由父母主婚,嫁给了一个俗吏。最终,她因与丈夫志趣不合,愤然回到母家长住,终生郁郁寡欢,含恨而死。

性格刚烈的朱淑真曾作《黄花》一诗,表达自己绝不妥协的决心。

土花能白又能红,晚节犹能爱此工。宁可抱香枝上老,不随黄叶舞秋风。

诗歌以拟人的手法,写出了菊花的坚决:宁可在枝头上含香而枯萎,也不愿意像没有气节的黄叶一样被秋风吹得四处飘舞。这种强烈的抗争精神不仅属于菊花,同时也属于不愿屈服的诗人,物我合一的强烈情感跃然纸上。

待到秋来九月八,我花开后百花杀。冲天香阵透长安,满城尽带黄金甲。

这首气势恢宏的《不第后赋菊》为晚唐农民起义领袖、

大齐皇帝黄巢所作。黄巢不仅精通武艺,而且能诗能文,然而即便如此,他仍然在科举考试中落第。科场的势力让他看到了晚唐考场的黑暗和吏治的腐败,因此升起了兴兵反唐的决心。这首诗就是他落第之后,借咏菊花来抒发自己怀抱的作品。

"我花"即指黄菊,也暗指姓黄的诗人本身。菊花盛开,香气溢满长安,正暗示着黄巢要带领农民起义军占领长安。"黄金甲"既指菊花,也用来比喻农民起义军的金盔金甲。整首诗豪情万丈,充满了抗争的力量和勇气。

菊花自有其强韧的一面,然而,在秋风萧瑟中孤独盛开的它,也很容易触动中国古代文人那根敏感的悲秋的神经。

◎ 鲍照像

酒出野田稻,菊生高冈草。
味貌复何奇,能令君倾倒。
玉椀徒自羞,为君慨此秋。
金盖覆牙柈,何为心独愁。

这首感伤的《答休上人菊诗》出自南朝诗人鲍照之手。鲍照虽然才高,但在当时极讲究门第的士族社会,却因为家境贫寒而始终怀才不遇。诗人感觉自己就像是那高冈之上灿烂高洁的野菊花一样,不为世俗之人所欣赏。他虽然声声劝慰野菊不要感慨发愁,却难掩自己心底无尽的哀伤。

同样以野菊自寓的诗人还有李商隐:

苦竹园南椒坞边,微香冉冉泪涓涓。

已悲节物同寒雁，忍委芳心与暮蝉？

细路独来当此夕，清尊相伴省他年。

紫云新苑移花处，不取霜栽近御筵。

野菊生长在苦竹、椒坞这些非名贵植物的旁边，只能默默地散发自己的淡香，仿佛一位柔弱的女子，生于恶劣的环境之中，只好暗自垂泪。"寒雁""暮蝉"都是寒秋极具特征性的景物，在这样孤独的秋天中，野菊的寂寞就是诗人的寂寞。失意

◎ 野菊

的诗人走在无人的小路上，回忆起那些感伤的往事；又联想到野菊是没有资格被移植至皇帝的宴席旁的，就仿佛自己没有建功立业的可能。

　　相较于鲍照，李商隐显然更直接地表达了自己的悲伤。李商隐虽然不想参与政治斗争，却还是不可避免地被卷入晚唐的牛李党争之中，并因此仕途坎坷，终生不得志。在这首诗中，诗人将自己的命运与无人在乎的野菊联系在一起，自有一种彻骨的苍凉。

第六节 日日锦江呈锦样，清溪倒照映山红
——杜鹃

杜鹃,杜鹃花科杜鹃花属木本植物的统称,别名"映山红""山石榴"等。

◎ 杜鹃花

杜鹃花是一个大属,全世界约有九百种,其中我国有五百三十余种,占全世界的百分之五十九,特别集中于云南、西藏和四川三省区的横断山脉一带。其中,贵州西部黔西县与大方县交界处有一个名为"百里杜鹃"的地方,是一条延绵五十公里的自然野生杜鹃林;而湖北龟峰山风景区保留有十万亩原生态古杜鹃群落,是迄今发现的我国最大的古杜鹃原始群落。

杜鹃花属种类多,总体喜凉爽、湿润气候,而不耐酷热干燥;多为灌木或小乔木,最小的植株只有十厘米高,贴地面生;最大的高达二十米,巍然挺立,蔚为壮观。

除可供观赏外,有的杜鹃花有一定药用价值,如东北满山

红和贵州黄杜鹃分别是镇咳平喘和止痛麻醉的良药;有的可提取芳香油;有的可食用。另外,高山杜鹃花根系发达,有很好的保持水土的作用。

据说,满山杜鹃花盛开的时候,就会有爱神降临;而看到此景的人,则会收获爱的喜悦。这传说的真实性有待考究,不过,漫山遍野的杜鹃花盛放,那一定是美不胜收的风景。且看杨万里的这首《明发西馆晨饮蔼冈》:

何须名苑看春风,一路山花不负侬。日日锦江呈锦样,清溪倒照映山红。

锦江位于四川,蜀地正是出产杜鹃花的名所,那里的杜鹃花植株高、颜色好。如此色彩艳丽的杜鹃花绽放满山,何须特意去那所谓的名苑赏花呢? 走在山路上,一路山花的美好绝对不会辜负你我的期许。日日繁花似锦,处处火红烂漫,娇艳的花朵倒映在清澈的溪水之中,真是好一幅令人心情爽朗的风景画!

🌀 杜鹃花里杜鹃啼

花鸟同名是一种较少见的现象,而杜鹃正是如此。杜鹃鸟是一种身体黑灰色,尾巴有白色斑点,腹部有黑色横纹的鸟。杜鹃鸟常在初夏时昼夜不停地叫,叫声十分凄厉,文人认为其"惯作悲啼"。杜鹃鸟有许多别名,如"杜宇""布谷"或"子规"等。

在中国传统文化中,杜鹃鸟与杜鹃花之间有着千丝万缕的联系,这一切都要追溯到望帝杜宇。关于杜宇的传说,有许多不同的版本。

传说古时候的蜀国是一个富庶而安宁的国家,人们自给自足,过着无忧无虑的生活。

蜀国有一位非常勤勉而认真的国君,名叫杜宇,被称为望帝。他十分关心老百姓的生活,亲自指导百姓的农业生产,叮嘱百姓遵守农时。百姓们十分拥护这位贤明的君王。

不过,那时候的蜀国存在着一个很大的问题,就是经常发生水灾。虽然望帝想尽各种方法来治理水灾,但始终无法从根本上解决水患问题。

终于,一场罕见的大洪水暴发了,老百姓们死的死,逃的逃,蜀国陷入了一片混乱之中,人口锐减。宰相鳖灵受望帝的委托,临危受命,担负起治理洪水的重责。他带领民众将巫山打通,使水流从蜀国流到长江,终于根除了水患。

就这样,鳖灵解决了常年困扰蜀国的水患问题,使百姓们又重新过上了安居乐业的生活。望帝十分感激鳖灵的治水之功,便自愿把王位禅让给鳖灵,而自己则退隐山林。鳖灵就成了丛帝。

后来,望帝去世了,灵魂化成一只杜鹃鸟。他生前爱护百姓,死后仍然惦记着他们的生活。每到播种的节气,他都不厌其烦地飞到田间一声声地鸣叫:"快快布谷,快快布谷!"因此,人们又把杜鹃鸟称作"布谷鸟"或"催耕鸟"。

再后来,蜀国为他国所灭,有着亡国之痛的望帝仍然舍不得丢开他的臣民,常常在空中哀啼,长鸣着:"不如归,不如归!"甚至喊到口吐鲜血。望帝嘴角的血滴滴入土壤中,长出了殷红如血的花朵——杜鹃花。

当然,这个传说只是出于古代人民的想象。杜鹃花与杜鹃鸟之间,本身没有什么科学上的关联。只是杜鹃鸟的嘴角上有红色的斑斓之纹,看上去就好像啼血一般;而杜鹃鸟的啼鸣期与杜鹃花的盛开期又恰好吻合,因此才出现了这样的传说。

只是,火红的杜鹃花,盛开在漫山遍野之中,开得那么热烈,那么令人动容,自然而然会让人联想到充满生命力的鲜红的血液吧。而那仿佛在用尽全身的力气回报春光的举动,不正如同全心全意挂念臣民、追忆国家的望帝一样倔强吗?

杜鹃花和杜鹃鸟也因此成为古诗词中难以分割的意象组合。宋晏几道有"杜鹃花里杜鹃啼"之句,明杨慎也作"杜鹃花下杜鹃啼",唐人成彦雄更是直接道出杜鹃花与杜鹃鸟的缠绵缘分:

杜鹃花与鸟,怨艳两何赊。疑是口中血,滴成枝上花。

雍陶亦言:

碧竿微露月玲珑,谢豹伤心独叫风。高处已应闻滴血,山榴一夜几枝红。

"谢豹"也是杜鹃鸟的别名,杜鹃鸟在黑夜中孤单地鸣叫着,从高处滴下鲜红的血液,一夜之间染红了几枝山石榴(杜鹃花)。

而宋代高僧择璘《咏杜鹃花》一诗的开首两联,则如一幅春日杜鹃图跃然纸上:

蚕老麦黄三月天,青山处处有啼鹃。断崖几树深如血,照水晴花暖欲然。

三月时节,正是蚕老麦黄,一片明媚春光。青山之中,处处都有啼叫着的杜鹃鸟;而断崖处,几树深红如血的杜鹃花正迎风绽放,花朵鲜艳得仿佛要燃烧起来一样,让人从心底感到阵阵温暖。这正是杜鹃鸟与杜鹃花交相辉映的绝佳描绘。

由于望帝啼血的传说深入人心,与"蜀帝"相关的一些词汇和典故也多次出现在吟咏杜鹃花的作品中。如明人袁裒《自柳至平乐道中书事》将杜鹃花直接称为"蜀帝花":

屋覆湘君竹,山开蜀帝花。

而最浅显易懂的当属徐凝之《玩花》:

朱霞焰焰山枝动,绿野声声杜宇来。谁为蜀王身作鸟,自啼还自有花开。

杜鹃花之色与杜鹃鸟之声,相互应和。"自"字说的就是花鸟同名,难分难解,十分有趣。

又如唐人韩偓的《净兴寺杜鹃》,再次提及啼血之事:

一园红艳醉坡陀,自地连梢簇蒨罗。蜀魄未归长滴血,只应偏滴此丛多。

而在唐吴融的《杜鹃花》中,蜀帝的魂魄化作杜鹃鸟啼叫还不够,更要凭借杜鹃花鲜艳的色彩来倾诉心意,真是执着非常:

春红始谢又秋红,息国亡来入楚宫。应是蜀魂啼不尽,更凭颜色诉西风。

🌀 至今染出怀乡恨

望帝杜宇既有亡国之恨,杜鹃花也因此染上一层深深的悲剧色彩。在望帝啼血的传说中,望帝魂魄化作的杜鹃鸟声声啼鸣着的"不如归",触动了无数文人思乡的心弦。

安史之乱发生的第二年,李白感愤时艰,希望有所作为,便加入了永王李璘的幕府。后来,永王与肃宗争夺帝位,并不幸失败,李白受到牵连,被迫流放夜郎(今贵州境内);流放途中遇到大赦,漂泊于东南一带,不久病卒。

蜀国曾闻子规鸟,宣城还见杜鹃花。一叫一回肠一断,三春三月忆三巴。

这首《宣城见杜鹃花》正是李白遇赦后,流落江南一带时所作。已是迟暮之年的李白，寄人篱下，疾病缠身，晚景很是凄凉。正是暮春三月，寄寓在宣城的李白，眼中突然出现一片熟悉的红色——原来是杜鹃花开了。在家乡蜀中，每逢杜鹃花开的时候，子规鸟就开始啼鸣了。子规鸟就是杜鹃鸟，同名的花鸟勾起了诗人无尽的联想。

想当年，他从家乡离开的时候，一心想要在外有一番惊天动地的作为，等到功成名就的时候，再衣锦还乡。可是时至今日，却依然是碌碌无为的孑然一身，他有何脸面回去见蜀中父老呢？再说，就算他想回乡，托着老迈的病体，又能走多远呢？

漂泊无依的诗人，遥望着千里之外的故乡，耳边仿佛响起了熟悉的杜鹃鸟的啼叫声，那声音没完没了，无穷无尽，诗人的愁肠也断成一寸一寸了。杜鹃花开、子规悲啼全都陷入深刻的断肠之痛之中，只留下一片苍凉的哀愁。

同样见花思乡的还有宋代诗人杨巽斋：

鲜红滴滴映霞明，尽是冤禽血染成。羁客有家归不得，付花无语两含情。

鲜红的杜鹃花在霞光的映照下更显夺目，而那鲜艳的色彩都是由含恨的杜鹃鸟之血染成的吧。背井离乡的诗人仿佛那失去国家的杜宇，有家归不得，只能默默对着同样悲伤的杜鹃花，倾诉衷肠。在物我合一的氛围中，透露出一丝深深的感伤。

诗人真山民的怀乡之情更是真挚感人：

愁锁巴云往事空，只将遗恨寄芳丛。

归心千在终难白，啼血万山都是红。

枝带翠烟深夜月，魂飞锦水旧东风。

至今染出怀乡恨，长挂行人望眼中。

所有对家乡的思念都只能寄托在满山的杜鹃花中,虽有不甘却无能为力。恐怕只有在无人的月夜,才能魂飞故乡看看故地吧。那片触目的红色,就这么无声无息染成了怀乡之恨,常在远行之人眼里飘荡着。

离人们到底为杜鹃花惹出了多少离人泪,谁也不知道。但在杨万里的诗中,杜鹃鸟的血已不是杜鹃花鲜红色彩的唯一理由了。杨万里认为,产生那样的说法,只是杜鹃花开恰逢杜鹃鸟啼罢了。是啊,杜鹃鸟又能呕出多少鲜血呢? 真正染红了花朵的,应该是那些远行的人们掉下的眼泪吧:

泣露啼红作么生? 开时偏值杜鹃声。杜鹃口血能多少,不是征人泪滴成?

除了怀乡之情,也有诗人借由杜鹃花的悲剧色彩来表达壮志未酬的感慨,如唐代诗人方干:

未问移栽日,先愁落地时。

疏中从间叶,密处莫烧枝。

郢客教谁探,胡蜂是自知。

周回两三步,常有醉乡期。

方干虽有才华,却始终不得志,终生未仕。诗歌开首即点出"愁"字,而所用典故皆是曲高和寡之意。诗人徘徊在杜鹃花前,借酒消愁,咀嚼着自己人生的不幸。而花虽无言,却能以自己的美丽给诗人带来一丝安慰吧!

红色的杜鹃花容易让人联想到鲜血,所以有悲伤的色彩。然而,白色的杜鹃花似乎也并不令人欢快。清人陈至言曾作《白杜鹃花》:

蜀魄何因冷不飞? 空山一片影霏微。

那须带血依芬树,自可梳翎弄雪衣。

细雨春波愁素女,清风明月泣湘妃。

江南寒食催花候,肠断无声莫唤归。

白色的杜鹃花挂在枝头上,空寂的初春山岭,一片迷蒙。杜鹃花雪白的花瓣没有了血迹,若化作鸟儿自可梳理那洁白的羽毛了。纯洁的白杜鹃花,就像寂寞的嫦娥在细雨春波之中徘徊,又像孤独的湘妃在清风明月之中哭泣。全诗至此,已是十分悲戚,诗人又在末尾点出"肠断"二字,更添几分惆怅。

◎ 白杜鹃花

今日多情唯我到

杜鹃花时天艳然,所恨帝城人不识。丁宁莫遣春风吹,留与佳人比颜色。

在这首咏杜鹃诗中,中唐文人施肩吾埋怨长安人不识杜鹃花的美艳。不过,有心之人自会发现杜鹃花之美好,而杜鹃花也会用它自己的方式回报有缘人。

唐代有一位道士,名为殷七七,十分爱花。时镇浙西的周宝以师礼敬重殷七七。当时鹤林寺有一株有名的杜鹃花,高丈余,每年春末盛放,十分美艳。有一天,周宝突发奇想,对殷七七说:"鹤林寺的杜鹃花天下奇绝,听说您能让未到花期的花开放。如今重阳节快要到了,您能让这鹤林寺的杜鹃花开,助助兴吗?"

于是,殷七七就在重阳节前两日住进了鹤林寺。半夜里,一位女子来到殷七七的面前,说:"我是天帝派来掌管这株杜鹃花的仙子,如今就为有道之人开放一次吧。"第二天,那株杜鹃果然长出了花蕊。到了重阳节的时候,花开烂漫如春日。

这当然只是个传说,不过,花也许真能感应人心。要知道,古往今来,喜爱杜鹃花的人可是不少呢!

在中国古代,冬至后一百零五日,即清明节前的一两日,人们会禁烟火,只吃冷食,是为寒食节。杜鹃花的花期多在寒食节前后,因此吟咏杜鹃花的诗词也多出现寒食节的意象。如唐人曹松的《寒食日题杜鹃花》:

一朵又一朵,并开寒食时。谁家不禁火,总在此花枝。

轻快而直白的语言,透露出诗人对杜鹃花的喜爱之情。在这家家户户都禁烟熄火的节日里,枝头上灿烂的杜鹃花仿佛火焰一般燃烧着,十分可爱。

而说起喜爱杜鹃花的文人,则不得不提唐代大诗人白居易。相传白居易被贬任江州司马之时,曾特意将野杜鹃花移到庭院里种植,爱花之情可见一斑。

白居易一生作过多首吟咏杜鹃花的诗作,其中最广为人知的当属《山石榴·寄元九》,其中名句有:

日射血珠将滴地,风翻火焰欲烧人。

闲折两枝持在手,细看不似人间有。

花中此物似西施,芙蓉芍药皆嫫母。

阳光下,杜鹃花鲜红欲滴。一阵风过,花瓣随风摆动,好似火焰,简直就像要燃烧起来一样。诗人细细端详手中的杜鹃花,这样美丽的花啊,真不像是人间该有。白居易将心爱的杜鹃花比作美人西施,相比之下,那些芙蓉、芍药之流,全都黯然失色了。

事实上,杜鹃花中还真有一个名为"西施花"的品种。其花冠呈白色至淡红色,堪称花中之花,因此被称为"西施花"

或"西施杜鹃"。

白居易可不止一次将杜鹃花凌驾于他花之上，另一首《山枇杷》亦有："回看桃李都无色，映得芙蓉不是花。"要说桃花、李花、芙蓉花，也都是十分有名的花卉，但在白居易心里，可都差了杜鹃一大截。他甚至在《山石榴花十二韵》中将杜鹃花封为百花之王："好差青鸟使，封作百花王。"

◎ 白居易像

137

挚爱杜鹃花的白居易，甚至把杜鹃当成了亲爱的朋友。有一次，他不辞劳苦去玉泉南涧看杜鹃花，特意作诗一首，表达对杜鹃之深情：

玉泉南涧花奇怪，不似花丛似火堆。

今日多情唯我到，每年无故为谁开。

宁辞辛苦行三里，更与留连饮两杯。

犹有一般辜负事，不将歌舞管弦来。

在这首诗中，白居易使用的完全是一种与杜鹃花对话的口吻："鲜艳火红的杜鹃花啊，要说你是花丛，倒不如说是一堆火焰吧。今日开得这样灿烂，是因为我来看你吗？可是观者不是天天都有，那么每年你都为了谁而盛放呢？我辛辛苦苦地赶了许多路来这里看你，只为了能和你对饮几杯，说说心事。不过，有那么一件事我对不住你，没带歌舞管弦来与你共赏，真是抱歉啊！"

这样的语言，浅显直白却情深意切，恐怕只有爱花之人才能如此"痴",如此"傻",也如此浪漫吧!

第七节 借水开花自一奇,水沉为骨玉为肌
——水仙

水仙,石蒜科水仙属多年生草本植物,性喜温暖、湿润,喜阳光充足。水仙花为白色,呈伞房花序。

◎ 单瓣水仙

◎ 复瓣水仙

我国的水仙佳品有福建漳州水仙、上海崇明水仙、浙江普陀水仙等。水仙花主要有两大品种:一种为单瓣,六片白色花瓣向四边展开,中间有一个酒杯状的金黄色花冠,形似六棱白玉盘托起一盏金酒杯,故有"金盏银台"的美称;另一种是复瓣,花瓣卷皱,上端素白,下方淡黄,层层叠叠,仿佛少女的裙装,别名"玉玲珑"或"百叶花"。

宋徽宗建中靖国元年,著名诗人黄庭坚在荆州见到了水仙花,从此与其结下了不解之缘。在之后的创作生

涯中,黄庭坚创作了不少吟咏水仙的佳作。杨万里的《千叶水仙花》一诗中就曾写道:"向来山谷相看日,知是他家是当家。""山谷"即黄庭坚的号,杨万里在这里就是夸赞黄庭坚善写水仙诗。

借水开花自一奇,水沉为骨玉为肌。暗香已压酴醾倒,只比寒梅无好枝。

这首《次韵中玉水仙花》就出自黄庭坚之手。诗人从水写起,抓住了水仙生长环境的独特性;而水的清澈透明,又能够突出水仙花的清雅纯洁。晶莹剔透的水仙花仿佛以沉香木为骨,以美玉为肌,惹人怜爱;而其幽香扑鼻,又直逼酴醾(荼蘼)、寒梅,沁人心脾。同是雪中生长的花卉,梅花傲霜斗雪,气概万千;而水仙与之相比,虽"无好枝",却别有一番柔弱的气质。

139

请君来识水仙花

关于水仙花的原产地,有两种说法。一种观点认为水仙起源于中国,如《御制佩文斋广群芳谱》中所言:

水仙,六朝人呼为雅蒜。此花外白中黄,茎干虚通如葱,本生武当山谷间,土人谓之天葱。

另一种观点认为水仙起源于地中海一带,在唐初由地中海地区传入中国,于五代及宋初逐渐传播开来。现在人们普遍认同的是这一种观点。水仙花在中国栽培之后,逐渐受到广大人民的喜爱,并传入日本等国。至于上述记载,应该是由于有一些水仙花在栽培过程中逸为野生。

古代文献中关于水仙花的最早记载,出现在唐人段成式所著《酉阳杂俎》中,其支持后一种观点:

奈祗出拂林国，根大如鸡卵，叶长三四尺，似蒜，中心抽条，茎端开花六出，红白色，花心黄赤，不结子，冬生夏死，取花压油，涂身去风气。

这里所谓的"奈祗"显然跟我们今天所见的水仙非常相似，这一点，《本草纲目》的作者李时珍也注意到了，并言："据此形状与水仙仿佛，岂外国名谓不同耶？""拂林"在中国古代史书中是对古罗马的称谓。这种由古罗马传入中国的红白色水仙花在唐代是稀有的珍品，唐玄宗曾以此为御品，赏赐十二盆给杨贵妃的姐姐虢国夫人，花盆皆为金玉所制。可见当时水仙花仅限于皇亲国戚在宫廷内玩赏，身价贵重，平民难以企及。

"奈祗"应该是音译名，可能来自当时波斯语的"nargi"，至于"水仙"一名究竟是如何确立的，就无处可考了。不过，一般都认为这一名字来源于水仙花与水的密切关联。明人高濂的《遵生八笺》就说水仙花"因花性好水，故名水仙"；李时珍也认为"水仙宜卑湿处，不可缺水，故名水仙"。虽然不知道最早提出这一名称的人是谁，不过这个名字的确名副其实，因此也就得到了广泛的认可。

水仙花的外形与朴素的葱蒜有些相似，但却与之有着天壤之别，其芬芳的特质，常令人将之与兰花相比，宋人胡寅就有"只有春兰仅比渠"之句，因此水仙又名"丽兰（俪兰）"。

水仙花还有许多别称，除了上述已经提到的以外，最有意思的莫过于"姚女花"和"女史花"了。

传说有一个姓姚的妇人，住在长离桥附近。十一月的一天，天气非常寒冷，妇人梦见观星坠落到地上，化成了一丛水仙花，姿态娇美，香气怡人。她看着十分喜欢，就摘下一些水仙花吃了。妇人醒来之后，竟然生下了一个女儿，长得十分美丽,且知书达理,聪敏过人,能文能诗。

由于这个传说,人们就将水仙花称为"姚女花",而因为观星即女史星,所以又称"女史花"。

北宋早期,许多地方虽然已经开始种植水仙花,但总的来说,水仙花还是属于比较珍贵的稀有花卉。北宋早期咏水仙的几首诗歌,如《从厚卿乞移水仙花》《刘邦直送水仙花》和《王充道送水仙花五十枝,欣然会心,为之作咏》等,都出现了"乞""送"的字眼,说明这个时候,水仙花还不是十分常见,而因此成为馈赠佳品。

◎ 水仙花

靖康之难后,宋人南迁,水仙花也传播到更适宜其生长的南方,逐渐扎根下来。更多的文人开始注意到这种气质纯净、香味芬芳的花卉。文人周紫芝七十岁时在江西九江第一次看到水仙花,一见倾心,兴奋不已,于是题诗记此事,题目即为《九江初识水仙》,首句就言"七十诗翁鬓已华,平生未识水仙花",并赞水仙之纯洁:"世上铅华无一点,分明真是水中仙。"

随着水仙的受欢迎程度越来越高,盆栽水仙也逐渐普及开来。杨万里《添盆中石菖蒲水仙花水》就言:

旧诗一读一番新,读罢昏然一欠伸。无数盆花争诉渴,老夫却要作闲人。

可见水仙是作为盆栽放置在文人的书房中的。想来严寒冬日，书房中一盆清澈的浅水，几块形态各异的石头轻压一簇白色根须，翠叶婀娜，淡花雅致，还有幽幽清香徐徐飘来，真是清雅非常。

除此之外，水仙也与蜡梅一样，被文人用来插瓶，且常与蜡梅搭配使用，如范成大《瓶花》一诗：

> 水仙携蜡梅，来作散花雨。但惊醉梦醒，不辨香来处。

后代也十分推崇这种水仙与梅花的组合，明人王世懋所著《学圃杂疏》中就曾言："水仙宜置瓶中，前接蜡梅，后接江梅，真岁寒友也。"

事实上，宋代文学也确立了一种水仙与梅花合咏的模式。黄庭坚就有"山矾是弟梅是兄"之句，将梅花称为水仙花的兄长。而清人宫梦仁所编《读书纪数略》中则将玉梅、蜡梅、水仙、山茶合称为"雪中四友"。

明清时期，扎根于南方的水仙花重新兴盛于北方。明崇祯年间，北京郊区丰台的草桥一带曾经是繁殖水仙的基地。《燕京岁时记》一书中记载了光绪年间北京冬日花市中水仙花受欢迎的情况：

> 春日以果木为胜，夏日以茉莉为胜，秋日以桂菊为胜，冬日以水仙为胜。

清乾隆皇帝对水仙花情有独钟。据统计，他吟咏水仙花的诗歌多达五十九首，可谓历代单个作家吟咏数量之最。

分明真是水中仙

"水仙"在中国古典文献中最早的意思是水中之仙人。唐人司马承顺所著《天隐子》有言：

> 在人谓之人之仙，在天曰天仙，在地曰地仙，在水曰水仙。

水仙花得"水仙"之名后,也受到这一层意思的影响,常常被形容成与水相关的仙人:"凌波仙子生尘袜,水上轻盈步微月。"这两句诗出自黄庭坚的《王充道送水仙花五十枝,欣然会心,为之作咏》,其化用了三国曹植《洛神赋》中的"凌波微步,罗袜生尘"一句,将水仙花比作洛水之女神,并赋予"凌波仙子"之美名。洛神,即上古大神伏羲氏的女儿宓妃,因迷恋洛河两岸的美丽景色,淹死于洛水之中,化成洛水女神。曹植所作《洛神赋》,极言洛神之美。

自黄庭坚此诗以后,水仙花就与洛神产生了密不可分的关联,而"凌波仙子"也成了水仙花的代名词。宋代文人高似孙就曾仿曹植"洛神赋体"作《水仙花赋》,更有无数诗词借此吟咏水仙花:

> 可但凌波学仙子,绝怜空谷有佳人。(张孝祥《以水仙花供都运判院》)

> 记洛浦、当年俦侣。罗袜尘生香冉冉,料征鸿、微步凌波女。(韩玉《贺新郎·咏水仙》)

> 仙姿艳玉肌,轻拂五铢衣。罗袜凌波去,香尘蹑步飞。(郑元祐《子固水仙》)

其中,最后一首郑元祐之诗乃是为赞南宋画家赵孟坚所绘《水仙图》而作,赵孟坚所绘水仙,飘然多姿,纯净清雅,多为后人所称赞。

◎ 赵孟坚《水仙图》(局部)

还有传说认为水仙花由娥皇、女英死后幻化而成。娥皇、女英都是尧帝的女儿、舜帝之妻。舜南巡驾崩后,她们双双殉情于湘江,据说后来她们的魂魄化成了江边的水仙花。

这个传说的出现,大概是由于在宋代以后,水仙花主要分布在湘鄂、闽越一带,而其在水边雅致纯净的风姿也特别容易让人联想到湘江之女神。宋吴文英的《花犯·郭希道送水仙索赋》即有言:"湘娥化作此幽芳,凌波路,古岸云沙遗恨。"

而高观国的《金人捧露盘·水仙花》则一开首就连用三个"湘"字,"梦湘云,吟湘月,吊湘灵",将水仙花比拟为湘水之神,朦胧空灵,凄美婉转。

还有文人将水仙花与江皋解佩的传说联系在一起。

传说汉代有一个叫郑交甫的男子,一日在汉水边上游玩,遇见了两位美丽非常的神女("江妃二女")。他们一见如故,交谈得十分愉快。神女应郑交甫的请求,解下了随身的玉佩相赠。郑交甫得了玉佩,欣喜万分,连忙放在怀中。可是才走出去十多步,他再看怀中的玉佩,却不见了;回头看那两位神女,也已无踪影。

多情的文人们在摇曳生姿的水仙花身上,似乎看到了那江边神女缥缈的身影:

得水能仙,似汉皋遗佩,碧波涵月。(赵以夫《金盏子·水仙》)

不记相逢曾解佩,甚多情,为我香成阵。(辛弃疾《贺新郎·赋水仙》)

玉盘金盏,谁谓花神情有限。绰约仙姿,仿佛江皋解佩时。(韦骧《减字木兰花·水仙花》)

水神琴高也与水仙花有些缘分。琴高是战国时的赵国人,擅长鼓琴,曾为宋康王舍人。琴高有长生之术,在世两百余年时入涿水中取龙子,临行时他与弟子们约好再次相见的日期,并嘱托弟子们在河旁设立祠堂,到时候一起在祠堂内等他。到了约定的日期,琴高果然乘着鲤鱼从水中出来,坐在祠堂中,每天都有上万人来看他。大约一个月后,他又复入水中,不再出来了。

将水仙花比作水神琴高,当推韩维《从厚卿乞移水仙花》:

翠叶亭亭出素房,远分奇艳自襄阳。琴高住处元依水,青女冬来不怕霜。

琴高所代表的,是一种仙人遁逸的潇洒,而这与初春独放、亭亭玉立的水仙花正有一种气质上的相合。

也有诗人将水仙花与楚人屈原联系在一起,如韩玉的"烟水茫茫斜照里,是骚人、九辨招魂处",刘克庄的"骚魂洒落沉湘客"等。投汨罗江而死的屈原,被楚人追思为水仙,二者的关联既在水,亦在一种高洁的形象。

◎ 李在《琴高乘鲤图》

古人认为,有金玉之相的水仙花,也有金玉之质,水仙花的美是一种恬淡的美、安静的美,而这美与雅洁的代表——屈原是相匹配的。

🦋 山谷笠翁爱水仙

要说爱水仙花的古代文人,首推黄庭坚。而在其众多吟咏水仙花的诗词中,有一首的创作背景很特别。据说,黄庭坚

◎ 黄庭坚像

在荆州的时候，邻居家有一位刚刚成年的女儿，娴静美丽，气质清纯。黄庭坚一边对她很是赞赏，一边又叹息她虽然资质出众，却身在贫寒之家。果然，不久以后，这名女子嫁给了同乡的一个庸俗贫寒的男子。数年之后，此女生下两个孩子，家境愈发困顿，丈夫憔悴不堪，而女子却仍有几分颜色。

黄庭坚十分惋惜那名女子的命运，有感而发，作诗一首，以水仙喻之：

污泥解作白莲藕，粪壤能开黄玉花。可惜国香天不管，随缘流落小民家。

在恶劣环境中生长的水仙花，正如贫寒之家的美女一样，虽然资质出众，却无法改变自己遭人埋没的命运。全诗以直白的言语，述说了诗人对美人遇人不淑的惋惜与同情。

除了黄庭坚，自号笠翁的清代文人李渔也是位水仙爱好者，甚至到了嗜之如命的程度。在著作《闲情偶寄》中，他毫不掩饰地表达了自己对水仙的喜爱：

水仙一花，予之命也。予有四命，各司一时：春以水仙、兰花为命，夏以莲为命，秋以秋海棠为命，冬以蜡梅为命。无此四花，是无命也；一季缺予一花，是夺予一季之命也。

虽然李渔说自己有"四命"，但他花最多篇幅描写、投入最深感情的，还是水仙这条"命"。

值得一提的是,李渔推重的乃是金陵水仙,他将金陵水仙誉为"天下第一"。当然,这与他家居金陵也有很大的关系:"水仙以秣陵为最,予之家于秣陵,非家秣陵,家于水仙之乡也。"

有一年春天,李渔家贫如洗,没钱过年,只得将能典质的衣服都拿到当铺当了。等到水仙花开的时候,家里的状况真如强弩之末一般,想要拿出一文钱都不可能。

◎ 李渔像

147

李渔想买水仙,却苦于没有钱,他家里人说:"要不就别买了吧,一年不看这花,也没什么大不了的吧。"李渔却说:"你是要我的命吗?我宁愿减掉一年的寿命,也不愿少看一年的花。而且,我从他乡冒雪回到金陵,就是为了看金陵水仙。如果不看水仙花,我还不如干脆不回金陵,就在他乡过年罢了!"家里人无法阻止李渔,只能听任他想尽办法买了水仙花。

李渔认为自己爱水仙花,并不是一种非理智的"痴癖"行为。他盛赞水仙,认为无论是水仙之色、香,抑或水仙之茎、叶,没有一处不异于其他花卉,而他则尤为青睐水仙之"善媚"。李渔觉得,如果以女子做比较,那些面若桃花、腰细如柳,丰满似牡丹、芍药,或瘦比秋菊、海棠的,比比皆是;可像水仙花这样的,"淡而多姿,不动不摇,而能作态者",别有一番风情,他实在是从未见过。因此,他觉得"水仙"这个名字实在是取得太好了:

以"水仙"二字呼之，可谓摹写殆尽。使吾得见命名者，必颡然下拜。

李渔推重金陵水仙，还因为当时金陵水仙的培育技术十分高超。售卖水仙的店家甚至仿佛拥有"造物之权"一般，想让水仙早开即早开，晚开即晚开；购买者若想要所买水仙在某一天开花，则那一天必开花，未尝有一天的误差。而购买之时，只要以盆与石块相组合，就能随手布置，如同画图一般。这样的技艺，让李渔钦佩不已，不禁感叹："岂此等末技，亦由天授，非人力邪？"

第八节 秾丽最宜新著雨，娇娆全在欲开时
——海棠

海棠，属蔷薇科植物，既有草本也有木本，有西府海棠、贴梗海棠、垂丝海棠、木瓜海棠、四季海棠等多个品种。

◎ 海棠

据明代《群芳谱》记载："海棠有四品，皆木本。"这里所说的四品，指的是西府海棠、垂丝海棠、木瓜海棠和贴梗海棠。其中，西府海棠因晋朝时生长于西府而得名，是海棠中的上品。其花形较大，四至七朵成簇，花朵向上;未开花时,花蕾红艳,开后则渐变粉红。另一著名品种垂丝海棠则花梗细长,花蕾嫣红;花苞向上生长,至开放时则下垂,呈粉红色,仿佛抹上了一层粉色胭脂。

草本类海棠以四季海棠最为著名。四季海棠又名四季秋海棠,为秋海棠科秋海棠属多年生草本植物。其花形姿态优美,叶片娇嫩鲜亮,花朵成簇生长,四季开放,常作盆花观赏。

在我国,海棠花自古以来就是雅俗共赏的名花,素有"国艳"之誉。那些喜爱海棠的人们,留下了许多吟咏海棠的佳作名篇。

> 春风用意匀颜色,销得携觞与赋诗。
> 秾丽最宜新著雨,娇娆全在欲开时。
> 莫愁粉黛临窗懒,梁广丹青点笔迟。
> 朝醉暮吟看不足,羡他蝴蝶宿深枝。

唐人郑谷的这首《海棠》将文人对海棠的挚爱表现得淋漓尽致。春风用心打扮着海棠花,而诗人则携上美酒为海棠赋诗。要说那海棠花,最艳丽的时候莫过于新着细雨,最娇娆的时候莫过于欲开之时。海棠花是如此美丽,就连美女莫愁也为之陶醉,而懒得临窗梳妆;而画家梁广要为它作画,也不得不慎重落笔。诗人将自己的一片丹心都献给了娇媚的花朵,早看晚看怎么看都看不够,甚至羡慕那落在花枝上的蝴蝶能够永伴海棠,真是名副其实的"海棠痴"啊!

嫣然一笑欲倾城

与那些气质高洁堪比君子的花卉相比,娇艳的海棠似乎更容易使人联想到柔弱的女性。无数墨客骚人将海棠花比作温柔多情的女子,述说着自己对花儿深深的爱恋之情。

浑是华清出浴初,碧纱斜掩见红肤。便教桃李能言语,西子娇妍比得无?

在唐人崔德符的眼中,经过雨水洗礼的海棠花简直就如同刚刚从华清池中出浴的杨贵妃。绿叶好比碧纱,红花质如凝脂。如此妖娆多姿,就算桃李能言语,就算西施在眼前,也赶不上这海棠花的一丝一毫吧!

不关残醉未醒松,不为春愁懒散中。自是新晴生睡思,起来无力对东风。

◎ 垂丝海棠

在宋人杨万里的眼中,垂丝海棠宛如一名天真无瑕的少女。她红润的面色不是因为宿醉未醒,她慵懒的姿态不是由于闺中愁怨。那是为什么呢?原来是雨过天晴,东风吹拂的缘故啊!是花亦是人,写人亦写花,真是浑然天成。

软渍红酥百媚生,嫣然一笑欲倾城。不须更乞春阴护,绿叶低遮倍有情。

在清人张以宁的眼中,美丽的秋海棠既堪比“回眸一笑百媚生,六宫粉黛无颜色”的杨玉环,又不输“一顾倾人城,再顾倾人国”的李夫人。生于秋季的秋海棠,虽没有春阴的庇护,但自有绿叶别有深情地细心呵护。

娇嫩柔弱的海棠花,也让文人满心怜惜:

淡淡微红色不深,依依偏得似春心。

烟轻虢国颦歌黛,露重长门敛泪衿。

低傍绣帘人易折,密藏香蕊蝶难寻。

良宵更有多情处,月下芬芳伴醉吟。

如此娇弱,如此轻柔,也如此凄楚多愁。在轻烟缭绕中,海棠就像虢国夫人一般黛眉紧锁;在冷冷重露里,海棠就像被汉武帝打入冷宫的陈皇后一般泪满衣襟。它低低地依傍在绣帘之下,就易遭人采折;可若是密藏起来,即使花蕊再香,蝴蝶也难以寻觅。此情此景,怎能让诗人刘兼不生呵护之心?在有月光、有美酒、有诗吟的良宵之中,就让多情的诗人静静陪伴着多情的海棠吧!

这些深情而浪漫的诗作,将海棠花塑造成了一位美若天仙的女子。海棠自然美,不过,将海棠比作女子的也不全是些罗曼史,最诙谐幽默的当属"一树梨花压海棠"的典故。

传说宋代词人张先在八十岁时娶了一个十八岁的小妾,并作诗一首:

我年八十卿十八,卿是红颜我白发。与卿颠倒本同庚,只隔中间一花甲。

身为张先好友的苏东坡听说这件事,也作了一首诗调侃:

十八新娘八十郎,苍苍白发对红妆。鸳鸯被里成双夜,一树梨花压海棠。

这里梨花指的是白发的丈夫,海棠指的是红颜的少妇。一个"压"字,道尽许多未说之言。后来,"一树梨花压海棠"也成为老夫少妻的另一种说法。

夜夜寒衾梦还蜀

苏东坡虽然拿海棠花开好友的玩笑,但他实际上也十分喜爱这种娇美的花卉。据说宋神宗元丰七年,苏东坡到闸口探望学生邵民瞻,还曾特意携带一盆海棠,栽种于其居住的天

远堂前。他十分关心这盆海棠的生长情况,之后每寄书信给
邵民瞻,必附一句:"海棠无恙乎?"而邵民瞻则定期向老师汇
报:"海棠无恙。"直到今天,这棵海棠还存活于江苏省宜兴市
闸口乡永定村。

苏东坡还曾为心爱的海棠花作长诗一首,题为《寓居定惠
院之东,杂花满山,有海棠一株,土人不知贵也》。题目中就直
接表达了对当地人不知海棠之贵的惋惜,俨然将自己当成了
花儿的知己:

> 江城地瘴蕃草木,只有名花苦幽独。
>
> 嫣然一笑竹篱间,桃李漫山总粗俗。
>
> 也知造物有深意,故遣佳人在空谷。
>
> 自然富贵出天姿,不待金盘荐华屋。

海棠花独处幽谷,无人欣赏,却依然保持着名贵的天资:

> 朱唇得酒晕生脸,翠袖卷纱红映肉。
>
> 林深雾暗晓光迟,日暖风轻春睡足。
>
> 雨中有泪亦凄怆,月下无人更清淑。

花如美人,朱唇翠袖,煞是可爱。虽然身世不幸,暗自垂
泪,但在静谧的月光下,更显清新美好:

> 先生食饱无一事,散步逍遥自扪腹。
>
> 不问人家与僧舍,拄杖敲门看修竹。
>
> 忽逢绝艳照衰朽,叹息无言揩病目。
>
> 陋邦何处得此花,无乃好事移西蜀。
>
> 寸根千里不易到,衔子飞来定鸿鹄。
>
> 天涯流落俱可念,为饮一樽歌此曲。
>
> 明朝酒醒还独来,雪落纷纷那忍触。

闲来无事的诗人在散步的途中偶遇这株娇艳的海棠,不
禁产生疑问:海棠花本是西蜀名花,怎么今日流落在黄州? 一

定是大雁、天鹅们将种子衔来的缘故吧。同样来自蜀州的苏东坡，此时被贬黄州，胸中正是满腔孤独，看到跟自己同病相怜的海棠花，难免生出一种"同是天涯沦落人"的感慨。

蜀中海棠有多美，南宋诗人范成大应该有发言权。范成大曾在成都任制置，他极爱四川的海棠花，甚至曾坦白"直为海棠也合来西蜀"。他有《咏蜀中垂丝海棠》一诗：

春工叶叶与丝丝，怕日嫌风不自持。晓镜为谁妆未办，沁痕犹有泪胭脂。

和煦的春风中，海棠叶茂花繁，微微垂着花苞，宛如

◎ 范成大像

153

弱不禁风的少女。红花上点染着滴滴清晨的露珠，那不正是少女闺中忧春、含情脉脉的泪痕吗？全诗写尽海棠花的纤弱和娇媚，字里行间满是诗人对蜀中海棠的爱怜。

有人思蜀中海棠，有人爱蜀中海棠，还有人借蜀中海棠来表达自己的满腔斗志。宋代大诗人陆游同样是一位"海棠痴"，他曾作《花时遍游诸家园》诗一首：

为爱名花抵死狂，只愁风日损红芳。绿章夜奏通明殿，乞借春阴护海棠。

陆游自言爱海棠花甚至到"抵死狂"的地步，真是如痴如醉了。他担心娇美的海棠花忍受不了风吹日晒，于是连夜上奏至玉帝的通明殿，只希望能多借些阴天，好呵护那挚爱的海棠。

身为浙江绍兴人的陆游,曾中年入蜀投身军旅生活,可是始终没有实现自己收复中原的志愿。晚年,退居家乡的陆游依然心系国事,希望有朝一日能重回蜀地,实现自己的壮志,而蜀中海棠花也成了他寄托情感的对象:

> 我初入蜀冀未霜,南充樊亭看海棠。
> 当时已谓目未睹,岂知更有碧鸡坊。
> 碧鸡海棠天下绝,枝枝似染猩猩血。
> 蜀姬艳妆肯让人,花前顿觉无颜色。
> 扁舟东下八千里,桃李真成奴仆尔。
> 若使海棠根可移,扬州芍药应羞死。
> 风雨春残杜鹃哭,夜夜寒衾梦还蜀。
> 何从乞得不死方,更看千年未为足。

陆游第一次见到南充海棠的时候,已是十分惊艳,而后见识了碧鸡海棠,更是赞叹不已。碧鸡坊在成都的西南,那里的海棠花天下一绝,在这些海棠花面前,甚至连蜀中的美人们都要黯然失色了。

曾一睹其容的陆游始终对红艳如血的碧鸡海棠念念不忘,东归之后,他看着江南的桃李,认为不过是"奴仆"之花,甚至连名扬天下的扬州芍药,也会在海棠花面前"羞死"。陆游夜夜都希望回到蜀中,回到蜀中海棠的身边,回到战事的前方。虽然已经年迈,但他的斗志从未减少一丝一毫。

关于蜀中海棠,还有一个千古之谜题,即诗圣杜甫究竟有没有写过海棠诗。海棠花以蜀中最为有名,而杜甫又久居四川,在成都草堂写下了脍炙人口的佳作名篇,川中风景、花鸟、人情都有吟咏,却偏偏少了蜀中海棠花,不得不令人感到奇怪。郑谷即曾言:"杜工部居西蜀,诗集中无海棠之题。"王安石也感到疑惑:"少陵为尔牵诗兴,可是无心赋海棠。"后世之人也因此展开了许多讨论和研究。

总的来说,现在关于杜甫无海棠诗的原因基本上有三种观点。

一种观点认为杜甫确实不曾见过海棠花,所以杜诗中不曾出现海棠。

一种观点认为杜甫的海棠诗失传了。陆游就认为:"老杜不应无海棠诗,意其失传尔。"据说杜甫一生写了将近三千首诗,而今天流传下来的仅有一千四百多首,所以失传的可能性也是有的。

还有一种观点认为,杜甫不写海棠诗是出于避讳。据《古今诗话》中记载:"杜子美母名海棠,子美讳之,故《杜集》中绝无海棠诗。"在古代,子女是不能直接称呼父母名字的,否则即为不孝。既然杜甫母亲的名字为海棠,那么杜甫不作海棠诗也就顺理成章了。

只有断肠花一种

陆游二十岁的时候,娶了舅父唐仲俊之女唐琬为妻。唐琬天生丽质,而且还是一位才女。两人琴瑟相和,心心相印,婚姻生活幸福而美满。然而,婚后唐琬一直不孕,最终触怒了陆游的母亲。陆母不顾陆游的反对,强行拆散了一对恩爱的夫妻。

临别之时,唐琬以秋海棠相赠,告诉陆游这是断肠红。陆游不忍接受,便说它其实是相思红,并托付唐琬养护。两人就这么依依不舍地离别了,虽然多次试图重续情缘,但最终仍然抵挡不住陆母的强大压力,而各自另组家庭。可是,两人终其一生都始终对这段感情无法忘怀,最后唐琬郁郁而终,陆游也含恨而死。而由于这件事,秋海棠"断肠花"的别名亦更加广为人知。

◎ 秋海棠

清人黄景仁有《午窗偶成》一诗:

> 绕篱红遍雁来红,翘立鸡冠也自雄。只有断肠花一种,墙根愁雨复愁风。

黄景仁的一生十分坎坷,自幼家贫的他,屡次科考,均以失败告终。后好不容易在乾隆东巡召试时列为二等授县丞,却还不及补官就早逝了。在他笔下,柔弱的海棠花,没有雁来红骄傲的艳丽,也没有鸡冠花风发的意气,只能默默倚着墙根,愁雨又愁风。这当然是诗人凄怆的自况,而断肠花的名称正将这种忧伤的气氛渲染得恰到好处。

海棠确实也常常承载着文人的悲伤情绪,且并不为断肠花秋海棠所独有。

> 何事一花残,闲庭百草阑。
>
> 绿滋经雨发,红艳隔林看。
>
> 竞日馀香在,过时独秀难。
>
> 共怜芳意晚,秋露未须团。

在唐人刘长卿的这首《见海红一花独开》中,西府海棠也携带着一种忧伤的意味。开在百花凋零时的西府海棠,生机勃勃,正是灿烂时节。然而诗人越贪念这美好,也就越害怕失去这美好。他只希望时间能够停住,秋露秋风远离人间,好让海棠花永远盛开。可这不切实际的愿望本身就含着一种关于时光流逝的惆怅情绪,古人之伤时,是为如此。

在中国著名古典小说《红楼梦》中，西府海棠也是出现多次的意象。主人公贾宝玉的怡红院中就有一株"其势若伞，丝垂翠缕，葩吐丹砂"的西府海棠。海棠也被视为史湘云的"本命花"。而由大观园中年轻男女组成

◎ 西府海棠

的海棠诗社，结社后的第一次活动就是咏白海棠七言律诗。

在这次咏诗活动中，曹雪芹借林黛玉之手，写下了一首清新洁净而又孤独凄凉的海棠诗：

> 半卷湘帘半掩门，碾冰为土玉为盆。
>
> 偷来梨蕊三分白，借得梅花一缕魂。
>
> 月窟仙人缝缟袂，秋闺怨女拭啼痕。
>
> 娇羞默默同谁诉，倦倚西风夜已昏。

那海棠花是如此冰清玉洁，飘逸多姿。洁白的梨蕊，芳香的梅魂，都在述说着海棠的超凡脱俗。月中的仙女用缝衣来排遣心灵的孤寂，而秋闺的怨女用哭泣来发泄胸中的愁苦，她们和海棠一样，都是如此孤独。含羞带怯的海棠花在西风中独自站立，无人倾诉，只能任凭西风摧残肆虐。而这一切指归，其实都是在抒写林黛玉无尽的忧伤和悲惨的命运。

同样借海棠花自叹薄命的，还有清末著名诗人龚自珍。彼时海棠花已在北京广泛种植。有一次，龚自珍去北京郊外踏青，正好遇上一户人家为整修花园而准备砍掉房前的海棠花。龚自珍不舍那株海棠，便向主人讨来移栽在自家庭院之中。为此事，他还作诗一首：

> 门外闲停油壁车，门中双玉降臣家。因缘指点当如是，救

得人间薄命花。

在龚自珍四十八岁那年,因官场黑暗,他被迫辞官,返回江南老家。他又想起了当年那株海棠花:

不是南天无此花,北肥南瘦二分差。愿移北地燕支社,来问南朝油壁车。

年届中年的龚自珍深深地感叹道:薄命的海棠花尚有自己救护,而如今,漂泊无依的自己,又有谁能予以拯救呢?

那些惆怅的往事,就全都赋予红花绿叶,时光荏苒吧。

第九节 暗淡轻黄体性柔,情疏迹远只香留 ——桂花

桂花,木樨科木樨属,又名"岩桂""木樨",常绿灌木或小乔木,喜温暖湿润的气候,耐高温而不甚耐寒。

◎ 桂花

桂树叶茂而常绿,树龄长,叶对生,多呈椭圆或长椭圆形状,叶面光滑,叶边缘有锯齿;花簇生,花期大多在八月,有乳白、黄、橙红等色,极芳香。桂树的果实可入药,有化痰、生津、暖胃、平肝等功效;枝叶及根煎汁敷患处,

可起到活筋止疼的作用。桂树的木材材质致密,纹理美观,不易炸裂,刨面光滑,是良好的雕刻用材。

桂花在我国有着相当长的栽培历史,早在《山海经·南山经》中就有记载:"南山经之首曰鹊山,其首曰招摇之山,临于西海之上,多桂……"

汉代时候,桂花已经广泛用于园林造景,尤其皇室宫苑中,桂花的身影更是常见。东晋葛洪所著《西京杂记》中就记录了汉武帝初修上林苑的时候,"群臣、远方各所献名果异树,有桂十株"。今天,我国桂花集中分布和栽培的地区,主要是岭南以北至秦岭、淮河以南的广大热带和北亚热带地区,包括浙江杭州在内的十三个城市将桂花定为市花。

暗淡轻黄体性柔,情疏迹远只香留。何须浅碧轻红色,自是花中第一流。

梅定妒,菊应羞,画阑开处冠中秋。骚人可煞无情思,何事当年不见收。

这首《鹧鸪天》体现出宋代女词人李清照对桂花特别的偏爱。与许多颜色鲜艳的名花相比,桂花"暗淡轻黄",外表似乎有些逊色,但它秉性温柔,情怀疏淡,即使远遁深山,也默默地将浓郁的香气长留人间。在词人眼里,桂花虽然没有鲜艳夺目的色彩,但却当之无愧是"花中第一流",甚至打败名花梅、菊,成为秋花之冠。令词人不满的是,屈原在《楚辞》中列举多种香花,以比况君子修身美德,却偏偏没有提到她的桂花。在这看似强词夺理的埋怨中,实则隐含着李清照对社会上压抑人才现状的不平。

☁ 月中桂树高多少

农历八月,古称桂月,是观赏桂花的最佳月份;而八月十五中秋节,又是赏月之良辰。事实上,在中国传统文化中,桂花与明月很早就被联系在一起了。

民间一直传说,月亮中有一棵高达五百丈的桂花树。汉代文献《淮南子》就曾言:"月中有桂树。"而四川新都出土的汉代画像砖中也出现了桂树和蟾蜍在月亮中的形象。

与之相关的吴刚伐桂的传说也广为人知。

唐人段成式所著《酉阳杂俎》对此有所记载。

相传汉朝有个叫吴刚的人,学习仙道时不专心,犯了过错,惹怒天帝。因此天帝下令将其拘留在月宫之中砍伐桂树,并告诉他说:"如果你砍倒这棵桂树,就可以得到仙术的要诀。"吴刚便开始伐桂。然而,他每砍一斧,斧起之时树的创伤就会马上愈合。日复一日,无论吴刚怎样努力,桂树始终毫发无损,他只好一直重复着这没有尽头的劳动,只有在每年中秋节的时候能够休息一天。

在吴刚伐桂的传说中,被砍伤的桂树很快就能愈合,与月亮的阴晴圆缺有着本质上的相通之处。因此在后代,月亮和桂树的组合象征着一种再生和永生的力量。

月宫中桂树的传说,使"桂魄""桂宫""桂轮""桂月""桂窟"等都成为月亮的代称。而在古代文人的诗词之中,月亮与桂花也有了密不可分的关联,南朝诗人沈约登台望秋月,"桂宫袅袅落桂枝,露寒凄凄凝白露";晚唐才子李商隐根据传说发挥联想,"月中桂树高多少,试问西河斫树人";北宋文豪苏东坡一片痴心寄明月,只见"桂魄飞来光射处,冷浸一天秋碧";而南宋杨万里则直言桂花从月中而来：

> 不是人间种，移从月里来。广寒香一点，吹得满山开。

旧时传说唐玄宗曾于八月十五登月宫游玩，见到一大官府，上题"广寒清虚之府"。后世因而将月宫也称为广寒宫。在杨万里的笔下，月宫中一点点桂花的芳香，落入凡间之后竟遍布满山满野，真是别有一种飘逸神秘之感。

南朝陈后主甚至曾依照这一神话传说，为爱妃张丽华打造了一个桂宫：宫门圆如月亮，以水晶为障，后庭设有素色屏风，庭中空旷，不摆他物，唯有桂树一棵，树下放上一个药杵臼，再养上一只白兔。每次在桂宫设宴时，陈后主还让张丽华穿上素色衣裳，梳凌云髻，并呼其为"张嫦娥"。当然，如此附庸风雅的行为，其实只模仿了月宫之形貌，终难捕捉月宫那种缥缈而清冷的气质。

月宫中的桂树，还在人间留下了痕迹。在杭州西湖等地方，流传着"桂子月中落"的传说。唐人陈藏器编著的《本草拾遗》中记载，行人曾在路上拾得桂子，"大如理豆，破之辛香"，附近的老人都说是从月亮中落下的。而《唐书·五行志》中也记

◎ 桂子

录了唐睿宗垂拱四年三月，台州一带从天上落下夹杂着桂子的雨，下了十多天才停止。

宋人的文献中也有相关说法。钱易的《南部新书》中就曾写道，杭州灵隐寺一带多桂，寺里的僧人都说那种子来自月亮。在中秋夜时常有桂子从天上落下，僧人也都见到过。另

有文献记载落下的桂子的形貌特征：

> 其繁如雨，其大如豆，其圆如珠，其色有白者、黄者、黑者，壳如芡实，味辛。

许多诗词也描绘了"桂子月中落"这一传说，白居易在回忆杭州时就曾言：

> 江南忆，最忆是杭州。山寺月中寻桂子，郡亭枕上看潮头。何日更重游！

而晚唐皮日休似乎也曾于寺院之中拾得桂子：

> 玉颗珊瑚下月轮，殿前拾得露华新。至今不会天中事，应是嫦娥掷与人。

诗人的假设十分有趣：这桂子，该不会是月中的嫦娥掷给凡人的吧？

谁知道呢！

桂林一枝享富贵

据《晋书》记载，郤诜即将出任雍州刺史，晋武帝集合百官给他送行。在送行宴上，晋武帝问郤诜："卿自以为何如？"郤诜似乎毫不谦虚，答道："臣举贤良对策，今为天下第一，犹桂林之一枝，昆山之片玉。"听到这样的回答，晋武帝不禁笑了。后来，"桂林一枝"成为出类拔萃、独领风骚的代名词，也衍生出中举的意思。人们将科举考试称为"桂科"，将科考高中称为"折桂"，而中举之人的名籍则称为"桂籍"。

相传五代时候，燕山人窦禹钧育有五子，全部登科，当时的大巨冯道赠诗称赞：

> 燕山窦十郎，教子有义方。灵椿一枝老，丹桂五枝芳。

这里就是以五枝丹桂的芬芳来称赞窦禹钧的五个儿子相

继中举。

而由于月宫中有桂树的传说,还衍生出"登蟾宫""蟾宫折桂"的说法,代表某人仕途得志、飞黄腾达。

北宋僧人仲殊有《金菊对芙蓉》一词:

花则一名,种分三色,嫩红妖白娇黄。正清秋佳景,雨霁风凉。郊墟十里飘兰麝,潇洒处,敧旎非常,自然风韵,开时不惹,蝶乱蜂狂。

携酒独抱蟾光,问花神何属,离兑中央。引骚人乘兴,广赋诗章。许多才子争攀折,嫦娥道,三种清香,状元红是,黄为榜眼,白探花郎。

才子们争相攀折的,正是代表功名的桂花,而这桂花乃是月宫中而来。"状元红是,黄为榜眼,白探花郎",将桂花不同的花色品种(丹桂、金桂、银桂)与三甲一一对应,真是非常有趣。

清代道光年间,浙江人沈兆霖赴京应举,同乡画家戴熙为其画了一幅《双桂图》,以求吉利,并题句:"占断花中声誉,香和韵,两奇绝。"后来,沈兆霖果然中榜,亲朋好友们都说是那幅《双桂图》带来了好运。

桂花不仅象征着中举登科,同时也是代表荣华富贵的吉祥物。古代许多地区都有"门前栽桂,出门遇贵"的风俗,以"桂"与"贵"字的谐音来祈求好运。而旧时在住宅植树,也有设置"双桂当庭"的习惯,或将玉兰、海棠、牡丹与桂花相配,取"玉堂富贵"之意。

古时新婚妇人常簪桂花,而一些常年没有生育的妇女则会到桂花树前跪拜祈祷,希望能够得到桂花之神的保佑,早生贵子。一旦愿望成真,母亲就会抱着孩子到桂花树下还愿行礼。父母们也常常会给孩子取带有"桂"字的名字,以期孩子一生富贵。

桂花生长的环境，往往也是福气围绕之地。《太平御览》中就记载着一个地方政治清明而"芳桂常生"的事例。民间还流传着凤凰栖息于桂树林的说法，宋人梅尧臣就有"凤巢在桂林"之句，而《天地运度经》中亦言："泰山北有桂树七十株……常有九色飞凤、宝光珠雀鸣集于此。"

奇禽异鸟栖息集聚之地，必是有福之地，而多生桂树，真可见吉祥之于桂花的厚爱了。

代表祥瑞的桂花，深受我国古代人民所喜爱，许多地方都有以桂花为主题的节庆传统。据《成都古今记》记载，早在唐宋时期，成都一带就有一年一度的桂花会，会期在每年农历八月；还有远近闻名的"八月桂市"，人们在花市卖桂、买桂、赏桂，其乐融融。

而在古代部分少数民族地区，每年一度的桂花节则是青年男女们表达爱情的节庆。在皎洁的月光下，盛装打扮的青年男女们在香气弥漫的桂花林中遨游徜徉，载歌载舞，互诉衷肠。在福建武夷山地区，青年男女们折桂相赠，表达爱慕之情；而西双版纳地区布朗族的小伙子们，则会摘下一束白桂花送给自己的意中人，倘若对送花之人有意，姑娘就会将收到的白桂花插在发髻上，表示自己已经心有所属。这时候，美丽的桂花就成了传递真情的"爱情花"，正如一首民歌中所唱的那样："一枝桂花一片情，桂花树下定终身。"

人们不仅种桂花、赏桂花，还将芬芳的桂花制作成日常生活中的各种食品。桂花酒酿、桂花月饼、桂花年糕、桂花糖藕、桂花栗子羹等，都是流行至今的美味佳肴；同时桂花还是酿酒、泡茶之良品，桂花酒、桂花茶等都是深受人们喜爱的饮品。

清芬可比君子德

作为芳香花卉,桂花的香气同样也为古代文人所称道。

宋人邓志宏曾咏桂花:

雨过西风作晚凉,连云老翠入新黄。清风一日来天阙,世上龙涎不敢香。

桂花之香仿佛来自天上,在桂花面前,连名贵的香料龙涎也甘拜下风了。桂花数量无须多,只要一点儿,便十分芬芳,辛弃疾说得好:"无顿许多香处,只消三两枝儿。"

而只需这么一点点桂花,就能够让整间屋子的气氛都提升不少。在院子里种下桂花的宋人王十朋,遥想花朵盛放时候,香满庭院,仿佛置身月宫之中:"异日天香满庭院,吾庐当似广寒宫。"

桂花香极浓郁,却不俗气,宋人舒岳祥就有"天下清芬是此花"之句。有时候,桂花的香气还能助人领悟禅道。

传说北宋文人黄庭坚曾信佛学禅,但很长时间都没有领悟禅道之要领,便求教高僧晦堂。当时正是桂花盛放时节,晦堂指着院子里的桂花问黄庭坚:"你闻到桂花的香味了吗?"黄庭坚答道:"闻到了。"晦堂便说:"禅道就如同这桂花的香气一般,上下四方无不弥漫。所以禅道的要诀只有两个字——无隐,全在你个人的体会之中。"黄庭坚顿时豁然开朗。

许多文人还将桂花的香味提升至德行的修养层面,以其芬芳比喻德行的高洁。王十朋即曾言桂花之清芬香气:

吾尝比德于君子焉。清者,君子立身之本也;芬者,君子扬名之效也。芬生于清,身验于名。

独芬芳于秋季的桂花,亦渐渐成为一种高洁品质的象征。李白有《咏桂》一诗:

> 世人种桃李,皆在金张门。
>
> 攀折争捷径,及此春风暄。
>
> 一朝天霜下,荣耀难久存。
>
> 安知南山桂,绿叶垂芳根。
>
> 清阴亦可托,何惜树君园。

桃李全赖暖和的春风才得以显赫,一旦秋天冰霜下,只有南山的桂花依然傲霜挺立,散发芬芳。全诗以托物言志的手法,高度赞扬了桂花凌寒而放、不慕富贵的品格,同时抒发了诗人洁身自好的志向。

而在宋代诗人谢逸的笔下,桂花更是表现出一种坚韧不拔的品质:

> 轻薄西风未办霜,夜揉黄雪作秋光。摧残六出犹余四,正是天花更着香。

西风犹如轻薄的浪子,夜晚揉搓着秋日的桂花;而这摧残使桂花不但没有消沉,反而盛开得更加热烈了。诗人展开联想,认为桂花是由雪花幻化而成:在西风的摧残下,六瓣的雪花变成了四瓣的桂花,反而有了更悠远浓郁的香气。在新颖的构思之中,桂花如雪般高洁的风骨跃然纸上。

还有文人进一步在桂花身上赋予隐者的气息,宋代刘学箕的《木樨赋》就认为:"木樨为花,高雅出类,发而不淫,清扬而不媚,有隐君子之德。"出于这样高尚的品质,历史上有许多秉持节操的有志之士都是桂花的爱好者。身处党争旋涡的唐代诗人白居易,就曾以桂木自喻,来表达自己的正直:"中立不倚,峻节凛然,于八木之中,而自比于桂,殆未为过也。"

南宋名将李纲更是挚爱桂花。李纲一生志在抗金，渴望收复中原失地，然而在偏安的南宋朝廷中始终无法得到重用。壮志未酬的他晚年退居福州，将自己的书斋命名为"桂斋"，并亲手种植桂花以明志。后来，晚清民族英雄林则徐在福州重修李纲祠时，在祠旁修筑了一间书斋，也题名为"桂斋"，以示继承李纲的爱国遗志。

◎ 李纲像

第十节 满树如娇烂漫红，万枝丹彩灼春融
——桃花

桃花，蔷薇科植物，落叶乔木，主要分果桃和花桃两大类。桃树叶呈椭圆状披针形，叶缘有粗锯齿，无毛；树干灰褐色，粗糙有孔；核果近球形。性喜光，要求通风良好；喜排水良好，耐旱，畏涝。桃花有白、粉红、红等色，重瓣或半重瓣，花期三月左右。

在中国古代文献中，桃元素出现得很早。在远古神话传说《夸父逐日》中，追赶太阳的夸父临死时，抛掉手里的杖，那

◎ 桃花

杖顿时变成了一片硕果累累的桃林,以便后来追求光明的人们解渴。由此可见远古先民们对桃的深厚感情。而《诗经》中也多次出现了桃的意象,"桃之夭夭,灼灼其华"一句更是直接点出了桃花意象。

桃花不仅具有很高的观赏价值,还能疏通经络、滋润皮肤,有一定的药用价值。相传南朝陶弘景坚持服用桃花,所以面色就像桃花一样红润光泽;而从北朝开始,民间就流传着以桃花白雪相和洗面的美容秘方;隋时宫廷还流行将胭脂与粉按一定比例调和而化成的"桃花妆"。

古往今来,描绘桃花的文学作品不胜枚举。美丽鲜艳的桃花在浩瀚的历史长河中织就了一条繁华的锦缎,向人们展示着一个个春天的传说。

满树如娇烂漫红,万枝丹彩灼春融。何当结作千年实,将示人间造化工。

唐代诗人吴融的这首《桃花》将桃花盛开时灿烂繁华的景象描绘得淋漓尽致。天真烂漫的桃花开满枝头,娇艳的色彩就像要将春天燃烧起来似的。这蓬勃的生命力是属于桃花的独特魅力。诗人在尾句设问祈盼,希望桃树能够结出千年的果实,将大自然神奇的造化之功展示于人间,造福人们。

🌸 人面桃花相映红

去年今日此门中,人面桃花相映红。人面不知何处去,桃花依旧笑春风。

说起桃花,许多人都会想起唐代诗人崔护的这首名诗《题都城南庄》。而这首脍炙人口的佳作背后还流传着一个动人的传奇故事。

据唐人孟棨《本事诗》中记载,当年崔护考进士未中,于清明节前后,独自到长安城郊南庄游玩。他走到一处人家门前,只见隐隐约约院子里桃花盛开得正好,四处寂静得仿佛无人在家。崔

◎ 人面桃花相映红

169

护不禁敲了敲门,过了一会儿,一名女子从门缝里瞧了他一眼,问道:"是谁啊?"崔护连忙报上自己的姓名,并说:"我一人出城春游,酒后口渴,想来求点水喝,望姑娘行个方便。"那女子进屋端来一杯水,打开门,将崔护迎进门里,让他坐下喝水。

崔护这才细细打量起这女子,发现她姿色艳丽、神态妩媚,很有气质。女子一个人倚靠着小桃树静静地站立着,似乎对客人怀着极为深厚的情意。崔护用话引她,她却只是默默无语。两个人就这么相对无言,互相望着对方。良久,崔护起

身告辞,女子将他送至门口,似乎欲言又止,却又什么也没说就回了屋里。崔护只得恋恋不舍地怅然而归,他心里暗暗下定决心,绝不再来见这个女子。

可是,思念岂是人力所能克制。第二年清明节的时候,崔护忽然忆起那个桃花树下的女子,一时无法自持,便直奔城南去找她。然而,他到了那里一看,虽还是当年同样的院落门

庭,可门上已上了一把大锁。失望不已的崔护便在左边的一扇门上题下了这首《题都城南庄》。

过了些日子,崔护放不下思念,又去城南寻找那位女子。这一回,他隐约听到门内有哭声,便叩门询问。

◎ 崔护柴门题诗地

一位老人走了出来,说:"你是崔护吗?"崔护答道:"在下正是。"老人哭着说:"你杀了我的女儿!"崔护一头雾水,又惊又怕,不知该怎样回答。

老人说:"我女儿已经成年,知书达理,尚未嫁人。自从去年以来,不知发生了什么事,经常神情恍惚,若有所失。那天我陪她出去散心,回家的时候,她看到左门上有题字,读了之后一直闷闷不乐。没多久就生了一场大病,绝食几天便死了。我年纪大了,只有这么个女儿,之所以迟迟未嫁,是因为我想给她找个可靠的君子,好使我终身有托。没想到,如今她竟先我而去。这不是你害死她的吗?"

老人说完,又扶着崔护大哭。崔护听了前后缘由,也感到十分悲痛,便请求进屋去祭拜亡灵。死去的女子安详地躺在床上,仍然是生前的模样,仿佛只是睡着了一般。崔护忍不住

抱起她的头,枕在自己的腿上,边哭边说:"是我啊……我在这里,我在这里……"

奇迹发生了,过了一会儿,女子竟然睁开了眼睛,死而复生!老人与崔护都惊喜不已,原来爱情的力量是这么神奇。这个故事有个皆大欢喜的结局:老人将女儿许配给了崔护,有情人终成眷属。

这个爱情故事深受中国古代人民的喜欢,多次被改编为戏曲作品。其中,最有名的当属明人孟称舜所著《桃花人面》,其于一九五一年被改编为越剧,有了新的艺术生命。

而"人面桃花"也成为诗词歌赋中经常出现的典故。其或用于赞美春日景色,如宋王洋《携稚幼看桃花》:"人面看花花笑人,春风吹絮絮催春。"或用于表达对往昔恋情的追忆,如宋柳永《满朝欢》:

因念秦楼彩凤,楚馆朝云,往昔曾迷歌笑。别来岁久,偶忆欢盟重到,人面桃花,未知何处。但掩朱门悄悄,尽日伫立无言,赢得凄凉怀抱。

词中的"彩凤"和"朝云"都是词人曾经爱恋的歌女。当日欢笑已成往昔,如今人面桃花,却是物是人非。

桃花得气美人中

垂杨小院秀帘东,莺阁残枝未相逢。大抵西泠寒食路,桃花得气美人中。

这首绝句为明末秦淮八艳之一的柳如是所作。清冷寂静的开首,让人误以为这又是一首女儿伤春之作,然而末句却出人意料地陡然翻起:烟雨蒙蒙的暮春,一位婀娜多姿的女子正独自漫步于青苔小径上,眼前之路似已到尽头,而回身一看,

171

◎ 柳如是像

忽然发现那早已开败的桃花又陡然怒放,灿若云霞。也许,那树上桃花正是得到了美人气息的滋养,因而才盛放的吧。

柳如是曾与明末著名文人陈子龙有过一段感情,据考证,这首诗与陈子龙的诗作有呼应之处。美人笔下的桃花,应该还象征着过去美好而幸福的爱情吧。

桃花美人相互映照的情景自然是美不胜收的,灿烂娇媚的桃花也许是最适宜用来形容女性的花卉。

春秋时候,陈国的公主息妫,先嫁于息侯,后息为楚所灭,息妫被迫成为楚国王后。这名美貌过人的女子命运多舛,却与桃花缘分不浅。传言她出生时额上即带着桃花胎记,彼时虽是深秋,满园桃花却逆时盛开。她死后葬于"桃花洞"旁,又被后人称为"桃花夫人"。宋人徐照有《题桃花夫人庙》一诗,开首即言:"一树桃花发,桃花即是君。"俨然将桃花与美貌的息夫人看成一体。

宋虞通之的《拓记》还记载了一件奇事。

相传有个叫阮宣的人,家里有一株桃树。一天,桃花盛开,华美灿烂,阮宣情不自禁地赞叹了几句。谁知,就是这么几句溢美之词,竟惹怒了善于妒忌的妻子武氏,她大发雷霆,命下人拿刀将树砍倒,还非得把桃花都踩烂了才善罢甘休。

仅仅是几株桃花，居然能引起妻子的妒忌之心，可见在古人心中，桃花本身包含着非常强烈的女性意蕴。

桃花盛开时极为灿烂明媚，然而花期相当短暂，前后只有十五天左右。清人李渔即曾言："色之极媚者莫过于桃，而寿之极短者亦莫过于桃。"

匆匆凋谢的桃花不禁令人联想到红颜易逝。《红楼梦》中多愁善感的林黛玉就曾感伤于凋落满地的桃花花瓣。为了让落花不被人糟

◎ 息夫人塑像

蹋，她将它们装在绢袋之中，埋在土里，成一花冢，这一情节即著名的黛玉葬花。

黛玉还作了一首《葬花吟》，既写给凋落的桃花，也写给无依的自己。这首《葬花吟》当属《红楼梦》中最美丽的诗歌之一，其中多有名句：

花谢花飞花满天，红消香断有谁怜？

漫天飘零的落花，不禁令黛玉产生了深刻的共鸣。鲜红的颜色褪去了，芬芳的香味消失了，有谁对它同情怜惜？而红颜衰老的那一天，恐怕也是如此吧。

桃李明年能再发，明年闺中知有谁？

桃花明年可以再度开放，那么闺中的青春呢，只是一去不复返了。

一年三百六十日，风刀霜剑严相逼；

　　明媚鲜妍能几时，一朝漂泊难寻觅。

　　桃花一年遭受了多少风吹雨打，那刀一样的寒风，剑一般的严霜，一直无情地摧残着花枝。盛放的花期如此短暂，明媚鲜艳的花朵，能够支撑多少时候？一旦枯萎凋谢，就再也无处寻觅。其实，女子的命运又何尝不是如此呢？

　　天尽头，何处有香丘？

　　未若锦囊收艳骨，一抔净土掩风流。

　　质本洁来还洁去，强于污淖陷渠沟。

　　尔今死去侬收葬，未卜侬身何日丧？

　　侬今葬花人笑痴，他年葬侬知是谁？

　　试看春残花渐落，便是红颜老死时；

　　一朝春尽红颜老，花落人亡两不知！

◎ 以黛玉葬花为主题的邮票

　　黛玉认为，以土掩埋是落花最好的归宿，洁净地诞生，就洁净地化为乌有，这比流落在污泥脏水中要强上千百倍。可是，今日有她来埋葬这些凋落的花瓣，等她离世的时候，又有谁来埋葬她呢？春尽花落之时，就是红颜老去之时。而总有一天，花落人亡，两不相知。

　　这首《葬花吟》中蕴含着无尽的悲伤，全由匆匆凋落的桃花而起。伤春的人们，看着这转瞬即逝的灿烂，不禁发出时光易逝的感慨。

桃花与女性之间千丝万缕的联系是难以一时道尽的。直到今天，人们还以"面若桃花"形容女子的脸庞像桃花一样明媚可人，或以"桃花运"来表示男子得到女子的特别爱恋。桃花如佳人，佳人似桃花，都是春日盛放的红颜。

妖艳桃花自有德

从古到今，桃花都深受人们的喜爱。唐朝玄宗皇帝就特别喜欢与杨贵妃一起欣赏桃花。据《开元天宝遗事》记载，有一次，唐玄宗与贵妃在树下设宴，玄宗看着盛开的千叶桃花，不禁称赞道："不只是萱草能使人忘忧，这桃花也能使人销恨啊！"还有一次，玄宗特地摘下一朵新开的桃花插在杨贵妃的宝冠之上，并说："这桃花特别能助娇态。"言语之间，尽是宠爱之情。

唐代民间种植桃花的情况很普遍，高适有"时代种桃李"之句，独孤及也说"桃杏满四邻"，可见许多民众喜欢种桃花、赏桃花。这也跟桃花易于种植生长的特点有一定关系。但另一方面，古人又对桃花抱着一种很矛盾的心理，晚唐文人皮日休就曾言，世人"以众为繁，以多见鄙"，桃花常常受到不公正的审美评价。

这种情况在宋人那里更为明显。宋代品花风尚尤以少者为贵，多者为贱，而且桃花色彩艳丽，不符合宋人清雅的审美追求，因此常被认为不够庄重。

陆游就曾多次在自己的诗作中斥责桃李，桃花是作为其所欣赏的梅花的对立面而存在的：

俗人爱桃李，苦道太疏瘦。（《雪中卧病在告戏作》）

饱知桃李俗到骨，何至与渠争着鞭。(《雪后寻梅偶得绝句十首》)

平生不喜凡桃李，看了梅花睡过春。(《探梅》)

王安石《咏梅》一诗也说：

望尘俗眼哪知此，只买天桃艳杏栽。

桃花艳丽的色彩，在宋人眼里显得过于妖艳和俗气。与那些象征高洁的花卉相比，桃花显然成了品德败坏的代表。

但是，花色、花形都是大自然的造作，浑然天成的美好是不能以道德的标准去衡量的。即使是深厌俗桃的诗人陆游，在一次泛舟观赏桃花后，也不禁称赞二月桃花盛放的美好景象：

花泾二月桃花发，霞照波心锦裹山。说与东风直须惜，莫吹一片落人间。

陆游这种主观上摒弃桃花，而又不由自主为桃花之美所折服的矛盾心理，在古代文人中非常常见。事实上，从另一层面来说，桃花在品德修养方面也并非一无是处。急切想为桃花翻案的皮日休就说，世上的那些花卉"或以昵而称珍，或以疏而见贵。或有实而华乖，或有花而实悴"，唯有桃花"其花可以畅君之心目，其实可以充君之口腹"，价值最高，他不禁高呼自己要重修花品，将桃花列为第一。

事实上，早在汉代的时候，司马迁就已经注意到桃花的美好品德。在《史记·李将军列传》中，司马迁就以"桃李不言，下自成蹊"盛赞李广将军不张扬的高尚品性。桃李既有芬芳的花朵，又有甘甜的果实，它们不会说话，只是默默地供人们赏花、尝果。人们为花果所吸引，来往不绝，树下就自然走出一条路来。

这种不事张扬、默默奉献的精神，不正是被人们鄙夷的桃李之辈的高尚品质吗？后代诗词多以此为典故，如辛弃疾的《一剪梅》：

独立苍茫醉不归。日暮天寒，归去来兮。探梅踏雪几何时。今我来思，杨柳依依。

白石冈头曲岸西，一片闲愁，芳草萋萋。多情山鸟不须啼。桃李无言，下自成蹊。

这首词题为《游蒋山呈叶丞相》，是时年三十五岁的辛弃疾送给当时管理建康府

◎ 李广将军像

的叶衡的作品。辛弃疾希望叶衡把建康建设成为出兵北伐的前哨阵地。而"桃李无言，下自成蹊"一句，是以桃李来称赞叶衡在建康所作的努力，并且告诉叶衡，爱国志士们都会来投奔他、支持他的。

桃花不仅有着默默奉献的寓意，在中国传统文化中，它还象征着隐逸与仙境，象征着一种远离尘嚣的快乐。唐代张志和有《渔歌子》一首：

西塞山前白鹭飞，桃花流水鳜鱼肥。青箬笠，绿蓑衣，斜风细雨不须归。

渔翁宛如一位自乐的隐士，无忧无虑地享受着自然的意趣。而其中"桃花流水"的意象也为这自由的生活增添了几分潇洒的色彩。

宋秦观《虞美人》一词更直言桃花来自仙境：

碧桃天上栽和露，不是凡花数。

而东晋陶渊明的《桃花源记》则在桃花深处构建了一个人间的世外桃源：

忽逢桃花林，夹岸数百步，中无杂树，芳草鲜美，落英缤纷。

在这么一片美丽芬芳的桃花林之后，是一个人人安居乐业、自给自足的桃源仙境：

土地平旷，屋舍俨然，有良田美池桑竹之属。阡陌交通，鸡犬相闻。其中往来种作，男女衣着，悉如外人。黄发垂髫，并怡然自乐。

这幅情景，正是中国古代文人孜孜追求的古朴而安乐的生活景象。从此以后，桃花源就成了文人心中永远的精神乐土。

第四章

花神、花仙与花妖

四季的司花之神，缥缈的掌花仙女，冶艳的花中精灵……花的灵魂与人的情感交织缠绕，留下了一个又一个浪漫的传说。

第一节 尚劳点缀贺花神
——民间传说中的十二花神

在万物有灵观的影响下，古人认为花之美丑及其生死荣枯应该由司花之神管理统治，因而关于花神的概念就形成了。最早的花神可以追溯到亲尝百草的神农氏，人们为了感谢他的贡献，尊称其为"花皇"。道家中擅长植花种草的神仙女夷则直接被尊称为"花神"。

花开各有时，四季的变化牵动着文人敏感的心扉。在花神概念成熟完善的过程中，其与农历月令相结合，逐渐形成了关于十二月花神的习俗。这一说法，很有可能由唐宋之际开始酝酿，到明代已经基本确定。

由于各地花期不同，且文化差异较大，关于十二月花神的具体界定有多种说法。而文人专著方面，晚清学者俞樾撰写的《十二月花神议》，是较完整具体地描绘十二月花神的专著，其中将花神分为男女两组，且两组各有一总领群花之神。

20 世纪 20 年代著名昆剧戏班仙霓社在沪演出《牡丹亭·游园惊梦》时，添加花王及十二花神，边歌边舞，以活跃场面。后京剧名旦梅兰芳演出此剧时，则重新具体编排，其中花王牡丹花为末扮白乐天,而十二花神分别为:正月梅花,小生扮柳梦梅;二月杏花,五旦扮杜丽娘;三月桃花,老生扮梅延照;四月蔷薇花,刺旦扮杨玉环;五月石榴花,净扮钟馗;六月荷花,作旦扮西施;七月凤仙花,丑扮石崇;八月桂花,六旦扮貂蝉;九月菊花,副扮陶渊明;十月笑蓉花,正旦扮王昭君;十一月水仙花,外扮杨老令公;十二月蜡梅花,老旦扮佘太君。直到今天,上海昆剧团演出此剧时,仍保留花王及十二花神的舞蹈表演;但所扮花神仅为一般仙女,并非指特定人物。

花开枝头春似锦

正月的月令花一般被认为是梅花。梅花在早春的开放透露着一年起始的信息,故有梅花报春一说。在梅花花神的传说中,被誉为"梅妻鹤子"的林逋、形成"梅花妆"流行的寿阳公主、醉后偶遇梅花佳人的赵师雄都是流传较广的说法(具体内容参见第三章第二节)。除此之外,南朝梁诗人何逊因写梅花诗、明代戏曲《牡丹亭》中的主人公柳梦梅因在梅树下遇见杜丽娘,都成为一些传说中梅花花神的人选。

还有一位广受认可的梅花花神,就是唐玄宗之妃江采苹。江采苹出生于福建莆田,唐玄宗开元年间被选入宫中。清秀淡雅又多才多艺的她,一时备受玄宗宠幸。江采苹酷爱梅花,所居之处遍植梅树,所着衣物也多是清淡雅致的,唐玄宗因此称她为梅妃。其舞技十分出众,而尤善跳《惊鸿舞》,每舞之时,便如飞鸟展翅,轻飘如仙,玄宗曾当众称赞梅妃"吹白玉笛,作《惊鸿舞》,一座光辉"。

杨玉环入宫之后,梅妃逐渐失宠。相传一个冬日,唐玄宗外出赏雪,偶然看到满枝梅花,不禁想起昔日宠爱的梅妃,便

命人给她送去一斗珍珠。然而,自尊心颇强的梅妃有着梅花一样的傲骨,她断然拒绝了馈赠,还作诗一首,表达自己孤寂哀怨的情绪:

柳叶双眉久不描,残妆和泪污红绡。长门尽日无梳洗,何必珍珠慰寂寥。

唐玄宗见到此诗,心中颇感愧疚,命人配曲演唱,其后来成为名满一时的歌曲《一斛珠》。

安史之乱平定后,唐玄宗孤身一人回到宫中,又想起梅妃,命人寻找,却踪迹俱无。一日,有人献上一幅梅妃翩舞的画像,玄宗看着画中之人,心中悲痛万分,题诗一首:

忆昔娇妃在紫宸,铅华不御得天真。霜绡虽似当时态,争奈娇波不顾人。

画中之人虽有几分相似,但终究不是活生生的真人。当年那轻歌曼舞的梅妃,如今已无处可寻,难怪玄宗皇帝感到如此悲伤了。

二月的月令花,最盛行的说法是杏花。杏花,李属李亚属植物,先叶开放,花瓣白色或稍带红晕。其具有变色的特点,含苞待放时,呈艳红色,随着花瓣的伸展,色彩渐渐由浓转淡,到凋落时即成雪白。宋代诗人杨万里有咏杏绝句,描述了杏花独特的颜色特征:

道白非真白,言红不若红。请君红白外,别眼看天工。

关于杏花花神,一种说法为杨玉环。相传杨玉环小时候皮肤黝黑,并无动人姿色。她家后院种着一棵杏树,于是她便天天服食杏果,以杏仁来保养皮肤,这么日复一日,最终竟脱胎换骨,成为肤如凝脂的美人。

杨玉环与杏花之间,还有一则传说。安史之乱爆发后,杨玉环被迫自缢于马嵬坡。后叛乱被平定,唐玄宗欲将贵妃移葬他处时,看见马嵬坡上生长着一株杏花,亭亭玉立,宛如佳人生前模样,故后人尊杨贵妃为杏花花神。

杏花花神的另一种说法是燧人氏。据言钻木取火的燧人氏四季采用不同的材料取火,其中"**夏取枣杏之火**",意思是夏天以枣树、杏树为取火的材料。

三月的月令花是桃花。桃花盛开时,正是春意浓郁。阳春三月,草长莺飞,赏桃花之人络绎不绝,桃花作为三月的月令花真是再适合不过了。

关于桃花花神,有许多不同说法。作《桃花赋》盛赞桃花"**艳中之艳,花中之花**"的皮日休,写下"**人面桃花相映红**"名句的诗人崔护,以及战国美人息夫人,都是桃花花神的人选(具体内容参见第三章第十节)。

还有一种说法,将元顺帝的淑姬戈小娥列为桃花花神。相传元顺帝众多妃子中,有七位最受宠爱,时人称为"宫中七贵"。其中,淑姬戈小娥天生丽质,又常以香水沐浴,故而皮肤白里透红,出浴之时仿佛桃花带露,娇媚异常。顺帝十分喜爱戈小娥的肌肤,甚至以《诗经》典故对其称赞:"**此天桃女也**"。戈小娥因此获得了"赛桃夫人"的别称。

北宋杨家将之一的杨延昭也被民间看作桃花花神。杨延昭又称杨六郎,继承父业,守边二十年,屡破契丹军。民间认为他抵御外寇的力量仿佛桃木能驱逐凶祸,所以将他尊为桃花花神。

花满人间夏抬头

四月的月令花是牡丹花。偏爱阴凉的牡丹花多在四、五月份开放,古人有"**四月牡丹花正肥**"之句。牡丹花神一说为写下《清平调三首》的唐代诗仙李白,一说为创作我国第一部牡丹专著《洛阳牡丹记》的北宋文人欧阳修(具体内容参见第三章第一节)。

中国古典四大美女中的两位都被尊为牡丹花神。一位是酷爱牡丹的杨玉环。相传一日,杨贵妃在花园中游玩,看见牡丹花正盛开,十分喜爱,不禁走到一朵牡丹花前细细观赏。没想到那朵牡丹花却花瓣下垂,仿佛害羞一般。这就是著名的"羞花"传说。而又传说杨贵妃死后,宫中沉香亭畔的牡丹花开得十分繁盛,人们都认为那是贵妃的魂魄依附在牡丹花上的缘故。因此,杨贵妃成为牡丹花神就自然而然了。

另一位美人是三国时的貂蝉。能歌善舞的貂蝉曾在牡丹花旁练舞,她曼妙的舞姿连牡丹花也为之陶醉,不禁跟着翩翩起舞。因此后人也将貂蝉尊为牡丹花神。

四月的月令花还有蔷薇花一说,而蔷薇花神一说是陈后主宠妃张丽华,一说是汉武帝宠妃丽娟(丽娟与蔷薇花的传说参见第一章第一节)。

五月的月令花是石榴花。石榴花多红色,颜色十分娇艳,也有黄、白、粉红等色,于初夏五月左右开花。

石榴花花神一说是出使西域时从安息国取回石榴的张骞。相传张骞出使安息国的时候,他的住所前有一棵瘦小的石榴树,因为缺水而干枯了。张骞十分怜惜它,经常为

◎ 张骞雕像

它浇灌,过了些日子,那棵石榴树竟转活过来,还渐渐枝繁叶茂。张骞回国时,因为舍不得这棵天天相伴的石榴树,便打算将它带回汉朝。没想到途中遭到匈奴劫掠,石榴树不知所踪。

张骞只能怀着惋惜的心情,辗转回到长安。有一天,他偶然遇见一位穿着红裙绿衣的女子,那女子仿佛认识他似的,径自向他下拜,并含着泪说:"我是来报答您的浇灌之恩的。"话说完后,那女子就化作一棵石榴树,正是张骞丢失的那一棵。于是,张骞便将这件事的原委报告给了武帝。武帝一听,连忙命人将石榴树移植到宫中,从此,石榴树便在中土生了根。后人也因此将张骞尊为石榴花花神。

石榴花开放的五月,正是春夏之交,恰是疾病流行的季节,因此端午前后,家家户户都会贴上擅长捉鬼的钟馗画像以辟邪。而钟馗疾恶如仇的性格与石榴花如火一般的颜色十分契合,因此,钟馗也被人尊为石榴花花神。

◎ 钟馗像

还有说法认为擅长剑舞的唐代舞蹈家公孙大娘是石榴花花神。

六月的月令花是荷花。六月暑气渐生,洁净的荷花正好能给人以清凉之感。

创作《爱莲说》的周敦颐被认为是荷花花神(相关内容参见第三章第四节)。而另一种流传较广的说法认为荷花花神是古典美人西施。据《吴越春秋》记载,西施常到镜湖采荷。连天的碧叶,娇艳的红花,衬托着如同仙女下凡一般的美人西施。这一幅绝妙的风景,甚至让湖里的鱼儿都看呆了,它们纷纷忘记了游水,渐渐沉到了水底。后人也因此用"沉鱼"来形容西施的美貌,并将其尊为荷花花神。

唐代大历年间的女诗人晁采也是荷花花神的人选。晁采自幼与邻居文茂青梅竹马,长大后,文茂以诗寄情,晁采则回赠以莲子。文茂将莲子埋在花盆之中,结果开出了并蒂莲花,两人都十分开心。后来,晁采的母亲得知了他们之间的感情,认为是才子佳人的缘分,便将晁采嫁给了文茂。由于这个美丽的爱情故事,晁采也成了民间传说中的荷花花神。

🌀 花香四溢秋意浓

七月的月令花有多种说法,一说是蜀葵花,一说是玉簪花,而这两种花的花神都是汉武帝的宠妃李夫人。李夫人以美貌闻名,其兄长李延年曾作诗赞叹:

◎ 蜀葵花

北方有佳人,绝世而独立。一顾倾人城,再顾倾人国。宁不知倾城与倾国?佳人难再得!

"倾国倾城"的典故即出自这里。然而,红颜命薄,李夫人年纪轻轻就香消玉殒了,宛如朝开暮落的蜀葵花一般,因此人们将李夫人称为蜀葵花花神;由于她生前常插一朵玉簪花于鬓旁,故

◎ 玉簪花

亦为玉簪花花神。

　　七月的月令花还有凤仙花和鸡冠花的说法。凤仙花,因花形宛如飞凤而得名。凤仙花花神是富可敌国的晋人石崇,据说民间有这么一首广为传唱的歌谣:

　　七月花神晋石崇,巾帼园中景不同。五色凤仙开兰畔,佳人喜染指头红。

　　巫山隔,水运通,鹊桥仙女巧相逢。一片彩霞云飘渺,四时佳兴与人同。

　　花色鲜艳的鸡冠花又名"后庭花",因此,创作《玉树后庭花》的陈后主陈叔宝被后人封为七月鸡冠花花神。

◎ 鸡冠花

　　名花兰花也被认为是七月的月令花。兰花的花期很长,由春至秋,而夏日花开最盛,芳香宜人。兰花花神为屈原(相关内容参见第三章第三节)。

　　八月的月令花是桂花,古语有"八月桂花香"的说法。由夏入秋的桂花以其独特的清芬,为世人带去惬意的享受。

　　桂花花神说法众多。一说为唐太宗李世民的妃嫔徐惠。徐惠祖籍浙江湖州,自幼就是神童,四五岁时就将《毛诗》《论语》背得滚瓜烂熟,成年之后更是琴棋书画无所不通。这样的一位才女,与唐太宗自是心心相印。太宗死后,徐惠悲伤成疾,年仅二十多岁就与世长辞,令人叹息不已。徐惠曾仿照《离骚》写过一篇吟咏桂花的文章,后人就将这位才女尊为桂花花神。

桂花花神的另一种说法是石崇的姬妾绿珠。绿珠能歌善舞,美丽动人,很受石崇的宠爱。石崇甚至花费巨资在洛阳城西为绿珠建造了一座"金谷园"。而为了让绿珠眺望遥远的家乡云南,石崇还在院内筑起一座百丈高楼,并在园内种植了许多云南常见的桂花树。两人在金谷园中过着歌舞升平的生活。

然而好景不长,石崇的政敌赵王伦手下一员大将孙秀对绿珠的美貌垂涎不已,向石崇索要绿珠。遭到石崇拒绝之后,孙秀恼羞成怒,便打着皇帝的旗号包围了金谷园。绿珠不愿意为他人所得,毅然从百丈高楼跳下,以死来报答石崇的知遇之恩。而后不久,石崇也死了。后人感念这位为爱殉情的女子,便将绿珠尊为桂花花神。

桂花花神的相关说法还有五子登科的窦禹钧(相关内容参见第三章第九节),以及作诗吟咏桂花的宋代名妓谢素秋和文人洪适。

也有说法认为八月的月令花为紫薇花,紫薇花神是南宋文人杨万里。

在古代,九月是季秋之月,又称菊月,因此,九月的月令花是菊花。菊花花神最流行的说法当属东晋文人陶渊明(具体内容参见第三章第五节)。

宋代抗金名将韩世忠之妻梁红玉一身浩然正气,也被尊为菊花花神。梁红玉曾连夜抱着孩子驰马奔秀州给韩世忠通风报信,帮助丈夫平定了苗傅等人的叛乱,得封安国夫人。当年韩世忠与金国大将金兀术大战于黄天荡时,梁红玉亦曾一身戎装,亲自上战场为夫君击鼓助阵,后来韩世忠大获全胜。

然而不久之后,听信秦桧谗言的宋高宗以"莫须有"的罪名杀害岳飞,韩世忠为之打抱不平,也受到牵连,被罢除兵权。夫妻俩作出了辞官的决定,归隐杭州西湖,死后合葬于苏堤灵岩山下。

◎ 石曼卿像

🌀 花傲寒冬别样红

十月的月令花是木芙蓉。木芙蓉又名"芙蓉花",锦葵科木槿属,花朵大,有红、粉红、白等色,花期十月左右。

芙蓉花神一说为花蕊夫人。花蕊夫人即后蜀皇帝孟昶的费贵妃(一说姓徐)。她自幼能文,尤长作宫词,嫁予蜀主孟昶之后,得赐号花蕊夫人。花蕊夫人偏爱芙蓉花,孟昶特地下令在成都境内广植芙蓉花。寻常百姓家也争相效仿,纷纷栽种芙蓉,成都城渐成一片芙蓉花的海洋,后也被称为"蓉城"。出于这一原因,花蕊夫人被后人尊为芙蓉花神。

芙蓉花神的另一说法为英年早逝的北宋大书法家石曼卿。宋代民间传说在遥远缥缈的仙境中,有一个开满红花的芙蓉城。相传石曼卿过世之后,有人曾遇到过他,石曼卿告诉来人他已成为芙蓉城的城主。这个故事流传开来,于是石曼卿便成为十月芙蓉花神。

还有说法将作有多首吟咏芙蓉诗词的南宋诗人范成大作

为芙蓉花神。

十一月的月令花是山茶花。山茶花为山茶科植物,古名"海石榴",还有"玉茗花""耐冬"等别名。其盛放于十一月,有着独立寒霜的傲梅风骨,而艳红的花色,又堪比牡丹,深受人们喜爱,为中国十大传统名花之一。

◎ 山茶花

山茶花神的一种说法是明代著名戏曲作家汤显祖,他特别喜爱山茶花,甚至将自己的书斋命名为"玉茗堂"(玉茗乃山茶别名)。而不畏权贵、敢于直言的唐代诗人白居易被认为与傲霜耐寒的山茶花有着同样的品格,也被认为是山茶花神的人选。

还有一种说法认为山茶花神是汉代美人王昭君。相传王昭君进宫之时,不肯贿赂画师毛延寿,毛延寿便在她的画像上点了一颗象征丧父的落泪痣,故而昭君一直无缘君面。后匈奴呼韩邪单于朝见汉元帝,元帝赐其五女,王昭君亦在列。昭君面圣之时,美艳

◎ 汤显祖像

的容貌震惊了整个汉宫,元帝也为之折服。他很想将昭君留下,但又不能失信于呼韩邪单于,只好将她送至匈奴。后人认为昭君不肯贿赂画师的骨气与大雪之时盛开的山茶花相当,

便将王昭君尊为山茶花神。

十二月的月令花有水仙与蜡梅两种说法。其中，水仙花神一说为娥皇与女英，一说为洛神（具体内容参加第三章第七节），而由于洛神原名宓妃，与魏文昭皇后甄宓同名，故后人也有将甄宓尊为水仙花神的。

袁宏道的《瓶史》中有这么一句话：

水仙神骨清绝，织女之梁玉清也。宜即以梁玉清主之。

相传梁玉清是织女的侍女，曾随太白金星私下凡间，并育有一子。清高的仙女形象特别适合洁净的水仙花，因而梁玉清也被认为是水仙花神。

◎ 蜡梅

十二月蜡梅花神一说是宋代的苏东坡及黄庭坚，因为他们曾倡议将黄梅改称为蜡梅。而流传更广的说法则为杨令婆，即佘太君。在民间流传的杨家将故事中，疾恶如仇、深明大义的佘太君，不仅将自己的儿孙送上战场，甚至还亲自上阵，抵抗外敌。佘太君飒爽的英姿深入人心，其不屈的个性也让人联想到深冬怒放的蜡梅，因而被尊为蜡梅花神。

第二节 花妖树怪亦多情
——《聊斋志异》中的花与情愁

《聊斋志异》是清代著名小说家蒲松龄创作的一部文言短篇小说集。"聊斋"是蒲松龄的书斋名,"志"是记述的意思,"异"指奇异的故事。《聊斋志异》就是一部以奇异之事为主要内容的故事集。据说作者蒲松龄在写这部《聊斋志异》时,专门在家门口开了一家茶馆,请喝茶的人给他讲故事;若故事有趣,便可不付茶钱。蒲松龄就将这些听来的故事加以艺术再创作,写进书里。

◎ 蒲松龄像

193

蒲松龄自言"才非干宝,雅爱搜神;情类黄州,喜人谈鬼"。干宝是东晋的文人,他所创作的《搜神记》开创了我国古代神话小说的先河;而黄州指的则是苏东坡,据说苏东坡被贬黄州时期,十分无聊,便请人谈鬼,别人说没有鬼,苏东坡就说,你随便讲讲吧。蒲松龄将自己与这样两个人相提并论，正表现出他对鬼神之事的浓厚兴趣。因此，《聊斋志异》多谈狐仙、鬼妖、人兽，而通过对这些精怪鬼魅的奇闻逸事的描绘，对当时社会的黑暗面和人性有一定程度的反映。

蒲松龄十九岁时，以县、府、道三个第一考取秀才，颇有文名，但在之后的人生中一直屡试不中，直到七十一岁时才补了一个岁贡生。坎坷不平的仕途之路，让蒲松龄对社会和人生都积蓄了许多深沉的看法。他将满腹不平之情都倾诉到小说的创作之中，可以说《聊斋志异》就是一部关于花妖狐魅的"史记"。

其中，《葛巾》《黄英》《荷花三娘子》是三篇很有代表性的以花妖为主人公的小说。

❧ 只因疑心失葛巾

传说洛阳有个叫常大用的人，喜欢牡丹成癖。他听说曹州牡丹跟齐鲁齐名，一直非常向往。有一次，他正好因为别的事情到曹州，便借一个大户人家的园子居住下来。当时正是二月，牡丹还没有开花，他就天天徘徊在园中，注视着枝头，希望花蕾快快展开。不久，花儿终于到了含苞欲放的时候，可是大用的钱却快用完了。他一心想看牡丹，便把春天穿的衣服典当了，仍然在曹州流连忘返。

一天早晨，他又来到赏牡丹的园子，却看到一个年轻女郎和一个老妇人在那里。常大用被那位女郎的美貌给迷住了，他唐突地上前搭讪，却被老妇人呵斥了一顿，只得垂头丧气地回了住处。

回去以后，大用心里又惧怕又后悔，怕的是女郎回去告诉她的父亲兄长,她家里人回来找自己算账;悔的是自己的行为真是太浅薄唐突了。如此辗转反侧,他当晚就病倒了。第二天,倒是也没有人来兴师问罪,大用在病床上却愈发思念那位女郎的容貌和声音了。他就这么过了三天,真是憔悴得都快死了。

一天夜里,仆人们熟睡之后。那位老妇人为大用送来一碗汤药,说是她家的葛巾娘子亲手为他做的剧毒汤药。

大用接过药,感慨道:"与其相思而死,倒不如被她亲手毒死!"说完,他就将碗里的汤药一饮而尽。没想到过了一会儿,大用只感觉心肺舒畅,头脑清爽,渐渐就酣然睡去了。等醒来的时候,病就完全好了。

大愈之后,大用更加相信那位女郎一定是仙女。可是他也不知道要怎么找到她,只好默默向神明祈求有朝一日能再见她一面。

也许是他的诚心感动了上天,大用终于又见到了那位女郎,她不仅拥有娇媚的容貌,还散发着一股令人骨髓酥麻的香味。几经波折,大用终于一亲芳泽。女郎一再声明自己并不是什么神仙,却也不肯透露自己的姓名家事。大用只有一次在女郎的床头发现一个结着紫巾的水晶如意,除此之外,他对女郎一无所知。

两人就这么秘密地交往着。大用几乎完全打消了回家的念头,可是钱快花光了,他打算把马卖掉。这件事被女郎知道了,她不顾大用的极力反对,硬是要将自己的积蓄借给他,大用感动不已。

两人的感情渐渐发展到难舍难分的地步,终于决定一起出逃。女郎让大用先回去,约定在洛阳相会。大用办完一些琐事就回家了,打算先到家安顿好再迎接女郎。可没想到等他到家的时候，女郎的车子也正好到了门口。女郎拜见了大用的家人，两人就这样成了夫妻。

大用还有些害怕，女郎却十分坦然："别说我们身在千里之外，曹州的人找不到；即使他们知道了，我是富贵人家的女子，就像卓王孙拿司马相如没办法一样，我娘家的人也不能对你怎么样！"

常大用的弟弟常大器，结婚一年丧偶。女郎将自己的妹妹玉版接来，嫁给了大器。兄弟二人都得到美丽的媳妇，生活得十分美满，家里的日子也一天比一天富裕。

一天，一伙强盗闯进了常家，吵嚷着要见两位常夫人。大用媳妇和玉版不顾家人的反对，下楼与强盗相见。两人打扮得十分华美，正色呵斥强盗："我们姐妹都是仙女，暂时到人间来，怎么会怕你们这些强盗？还不赶紧退散！"强盗们震慑于两姐妹的气势，都哄然散去了。

这么相安无事地过了两年，姐妹俩各生下一个孩子。这时候，大用媳妇才说起自己姓魏，母亲曾被封为曹国夫人。大用却起了疑心，他从未听过曹州有什么魏姓世家，更何况，大户人家丢了女儿，哪能连找也不找呢？

他没敢多问，便找了个理由又去了曹州。仔细查访之后，他发现当地的世家大族中并无魏姓，于是便又去了以前租住过的地方。在那里，大用发现墙壁上贴着一首赠曹国夫人的诗，便向主人询问。

主人请他去看曹国夫人，却发现是一株与房檐一样高的牡丹花。原来，这株花是曹州第一牡丹花，因此才得这个封号。主人还告诉大用，这株牡丹的品种是葛巾紫，大用听了更是惊异不已，心里开始怀疑两姐妹是花妖。

他回到家中，不敢直接询问，只说起看到了赠曹国夫人的诗,来试探媳妇的反应。没想到大用媳妇一听就变了脸色,她急忙喊玉版抱着孩子过来,对大用说:"三年前,我感动于你对我的爱情,所以以身相许来回报你。现在你怀疑我,我们怎么还能在一起生活?"

◎ 葛巾紫牡丹

说完,她和玉版都把孩子高高举起,再远远地摔在地上,两个孩子一落地就不见了。还没等大用缓过神来,两姐妹也已不见身影。大用悔恨不已。

过了几天,孩子落地的地方长出了两株牡丹,一夜之间就长了一尺多高。一株

◎ 玉版白牡丹

开出紫花,一株开出白花,花朵就好像盘子那么大。过了几年,牡丹越长越多,分移到其他地方,变化出许多不同种类。自此牡丹之盛,没有比得上洛阳的了。

良友丽人皆菊花

顺天人马子才特别喜爱菊花,只要听说有好的菊花品种,哪怕远隔千里,也一定要买回来。一天,一位来自金陵的客人借住在他家,见他喜欢菊花,便提起自己的表亲有北方所没有的菊花品种。子才被说动了心,立刻准备行装,跟随客人到了

◎ 菊花

金陵，千方百计寻求到两株菊芽苗。他像对待宝贝一样，将菊芽包好打道回府。

回家的路上，子才遇到一个陶姓年轻人，骑着驴子跟在一辆油碧车的后面。两人谈起菊花种植，相当投机。子才询问他去往何处，陶生说车子里坐着他的姐姐，姐姐厌烦金陵，想到河北去住。子才就邀请姐弟俩住在自己家的茅屋里。

陶生到车前征求姐姐的意见，车里的人掀开帘子答话，原来是一位二十多岁的绝代美人。她答应了子才的邀请。

两姐弟就这么在子才家南面的苗圃住了下来。陶生每天到子才家帮他整治菊花，有的菊花已枯萎，他就拔出根来重新栽下去，竟然都能成活。马家清贫，却常邀请他一起吃喝。过了些日子，子才发觉陶家似乎从不生火煮饭。

陶家姐姐小名叫黄英，子才的妻子吕氏与她相处得很好，两人常常一同纺麻。有一天，陶生向子才提议以卖菊花维持生计。向来清高耿直的子才正声拒绝了这一请求，认为这是对菊花的一种侮辱。陶生说："自食其力不可谓贪婪，卖花为业也不能算庸俗。一个人固然不能苟且谋求富裕，但是也不必甘于贫困。"说完就走了。

从此，陶生将子才所丢弃的残枝劣种全都捡回去，他不再常到马家来了。等到菊花开时，陶家门庭若市。子才跑过去看，只见买花的人络绎不绝，手里捧的花都是些自己从未见过的奇异品种。

子才虽然厌恶陶生的贪心,却又嫉妒他的好品种,就去他家里想指责他。陶生出来,将子才拉进门,子才看见庭院已全成了菊垄。那些被挖走花的地方,就折断别的花枝补插上。而地上待放的那些菊花,全都美丽异常。子才仔细一看,竟都是自己以前丢弃的。

陶生拿出酒食宴请子才,席间黄英呼唤陶生,子才就问陶生:"你姐姐为什么不出嫁?"陶生说:"时间还没到。"子才不解:"什么时候?"陶生答道:"四十三个月之后。"子才更疑惑了:"此话怎讲?"陶生笑而不语。

第二天,子才又到陶家,发现昨天新插的菊花枝已长成一尺高了。又过了几天,陶生带着几捆菊花离家而去,一年之后,才用车装载着南方的奇异花卉回来了。他在城里开设花店,十天工夫就将花全部卖完,又回家种起了菊花。而上一年买花的人留下的花根,第二年都变坏了,就又向他购买。他因此一天天富起来。

陶家富裕之后,将自己的房屋整修一新,过去的花垄渐渐全成了房舍。陶生重新在墙外买了一片田,在四周筑起墙,全都种上菊花。秋天的时候,陶生又往南方去了,到第二年春末还没有回来。这时候,子才的妻子病逝了,子才有意娶黄英为妻,于是暗地里让人透口风给她。黄英听后,微微一笑,好像同意的样子,只是说要等弟弟回来。

一年多了,陶生始终没回来,黄英于是督促仆人种菊,和弟弟种的不相上下。陶家愈发富裕,在村外经营良田二十顷,宅邸也更豪华壮观了。忽然有一天,一个东粤来的人带给子才一封陶生的信。陶生在信里让黄英嫁给了才,而落款日期,竟然是马妻去世的那一天。子才回忆起与陶生在菊园喝酒之事,正好过了四十三个月。

子才觉得很奇怪,他把信拿给黄英看,说要下聘迎娶她。黄英推辞了彩礼,并表示马家的房子太简陋,希望子才跟她一起住在自己家里,就像入赘一样。子才不答应,还是将黄英娶到了马家。

黄英听从了子才的意见,不再经营菊花,但家里的财产早已超过了那些世代富贵的人家。虽然子才不希望依靠妻子的财产生活,但夫妻双方的东西总是难以一一区分的。几次争吵之后,子才最终还是接受了黄英的安排,将两家的房舍连在了一起。

后来,陶生也回来了,一次与人饮酒,喝得大醉而归。他歪歪斜斜地走在菊垄上,不一会儿躺倒在地,衣服丢在旁边,忽然间竟变成了像人一样高的菊花,花开了十几朵,每朵都有拳头那么大。子才看到此情景,十分惊骇,忙跑去告诉黄英。

黄英匆忙赶来,拔出菊花放在地上,说:"怎么醉成这样!"又拿起衣服盖在菊花上,让子才跟她一起走,并告诫他不要看。

子才心里忐忑,第二天早上到菊垄一看,只见陶生睡在那里。他这才意识到姐弟俩都是菊花精,心里更加敬重他们。

陶生因为已露形迹,更加放纵喝酒。一天,正值百花生日,陶生又喝得烂醉,变成菊花。子才倒也见惯了,学着黄英的样子拔出菊花,守在旁边观察它的变化。

没想到过了一阵子,菊叶渐渐枯萎了,子才十分害怕,这才去告诉黄英。黄英一听,吓得大叫:"你害死我弟弟啦!"赶忙跑去一看,菊花的根茎都已干枯了。

黄英十分悲痛,她掐断菊花的杆子,把它埋在花盆里,每天给它浇水。子才十分悔恨,却也别无他法。那盆中的花渐渐萌芽,到九月时开了花,花茎低矮,花朵粉白,有一股酒香,用酒浇灌它,就长得更加茂盛,于是子才与黄英为其取名"醉陶"。后来,子才与黄英相偕终老。

🌀 纱衣莲女长相思

浙江湖州有个读书人叫宗湘若,被狐妖迷惑,夜夜欢爱,没多久便身患大病。后其家人求得一位西域僧人的符咒,将狐妖收服。家人正要依僧人之法杀死狐妖时,湘若念及旧情,不忍伤害狐妖的千年道行,就做主放了她。

被放生的狐女亦有情有义,为了报答湘若,她不仅治好了他的病,还为他找了一位伴侣。她让湘若到南湖找一个穿蚕丝绉纱披肩的采菱女,还嘱咐他如果分辨不清她的去处,就察看堤边,寻找一枝隐藏在叶子底下的短杆莲花。狐女对湘若说:"只要将莲花采回来,点上蜡烛烧那花蒂,你就能得到一位美丽的妻子,并且健康长寿。"说完这些,狐女就与湘若告别了。

第二天,湘若依言到了南湖。湖中荷花盛放,果然有许多美丽的采菱女穿梭其中,而一个垂着长发、穿着蚕丝绉纱披肩的女子显得特别娇艳动人。湘若将船迅速向她划去,可忽然间就找不到那个女子了。湘若便按照狐女所说,找到荷叶下的红莲

◎ 荷花

带回了家。

他正要烧花蒂,莲花忽然就变成了那位采菱女。湘若又惊又喜,急忙伏地而拜。莲女说:"你这个痴书生,我可是个狐妖,会给你带来灾祸!"湘若不听。

莲女又说:"是谁教你这样做的?"

湘若答道:"我自己便能认识你,哪用得上别人教我?"说着,便上前抓着莲女的胳膊。莲女顿时变成了一块怪石,有一尺多高,面面玲珑。湘若就把石头安放到供桌上,然后点上香,很恭敬地拜祷。

到了晚上,湘若把门窗关得严严实实的,唯恐莲女跑了。等清晨的时候一看,石头不见了,桌上只剩下一件细纱披肩,散发着一股香气。

湘若展开披肩,领子和衣襟上面仍然留存着莲女刚穿过的痕迹。他便抱着披肩,盖上被子躺在床上。天黑时他起身掌灯,一转身就发现莲女正躺在枕边。

这下湘若高兴极了,一把将莲女抱住,要与她亲热。莲女笑着说:"真是孽障啊! 不知道是什么人多嘴,竟让我被这疯狂的小子给纠缠死了!"于是就顺从了湘若。

从此两人情深意笃,过着幸福的生活。家里的箱子中常常装满了金银绸缎,湘若也不知道是从哪里来的。莲女见了外人只是恭敬地打个招呼,一副不善言辞的样子。湘若也特别注意不让别人知道她奇异的来历。

莲女十月怀胎,快到分娩的时候了,便走进房内,嘱咐湘若把门关紧,禁止别人叩门。随后莲女竟自己用刀从肚脐下割开,取出一个男孩;又让湘若撕了块绸缎将伤口包好。只过了一夜,伤口就痊愈了。

就这么过了六七年。有一天,莲女突然对湘若说:"我们前世的缘分我已经报答了,现在我要走了。"

湘若的眼泪一下子就出来了:"你刚来我家的时候,我一穷二白,而今靠着有你才富裕起来,我怎么忍心你离开我呢?况且,你也没有什么亲人。将来儿子长大了,也不知道母亲在哪里,这是多么遗憾的一件事啊!"

莲女伤心地说:"世上有聚就有散,这也是没办法的事情。儿子有福相,你也能活百岁,还要求什么呢?我本姓何,如果以后你思念我,就抱着我的旧物呼唤'荷花三娘子',那样就能看见我了……我走了。"

湘若急忙要抓住她,可是莲女已经飞得高过头顶了;湘若便跳起来想拉她,结果只抓住了莲女的一只鞋。鞋子落在地上,就变成了石燕,颜色比朱砂还要鲜红,里外晶莹剔透,仿佛水晶一般。

湘若将石燕拾起来收藏好,偶然发现箱子中还保留着初见莲女时她穿的那件蚕丝绉纱披肩。只是斯人已不再,湘若伤心极了。

后来,每当湘若思念莲女的时候,他就拿起那件披肩,呼唤"荷花三娘子"。披肩仿佛听得懂他的话,立刻就变成了莲女的模样,那喜上眉梢的容颜,就跟真的莲女一模一样,只是不会说话罢了……

第三节 爱花成痴终遇仙
——《醒世恒言》中的惜花传奇

　　《醒世恒言》，为明末文人冯梦龙纂辑的白话短篇小说集，与冯氏的另两部短篇小说集《喻世明言》(即《古今小说》)、《警世通言》合称为"三言"。"三言"中的作品，有的是冯梦龙自己创作的，有的则是由流传下来的宋、元两代的话本改编而成的，题材广泛，在不同程度上反映了当时社会生活的各个侧面。

◎ 冯梦龙塑像

　　"三言"是我国古代通俗小说的杰出代表，是我国白话短篇小说在说唱艺术的基础上，从文人整理加工到文人独立创作的开始。它的出现，标志着古代白话短篇小说整理和创作高潮的到来。

　　其中，《醒世恒言》第四卷《灌园叟晚逢仙女》讲述了一个爱花成痴的老人成仙的故事。主人公名为秋先，自号灌园叟。他将一生全部的心血都灌注在种花、护花上，最终得道成仙。

1956 年，《灌园叟晚逢仙女》被搬上电影屏幕，由著名电影编导吴永刚改编，名为《秋翁遇仙记》，其相较小说剧情更为紧凑，矛盾冲突也更加激烈，为刚刚展开的中国电影画卷增添了精彩的一笔。

痴人护花一片心

◎ 电影《秋翁遇仙记》剧照

故事的主人公秋先是位孑然一身的老者，为着爱花，他将农事都荒废了，专门养花种草。原文如此形容他爱花之痴：

偶觅得种异花，就是拾着珍宝，也没有这般欢喜。随你极紧要的事出外，路上逢着人家有树花儿，不管他家容不容，便陪着笑脸，捱进去求玩。若平常花木，或家里也在正开，还转身得快。倘然是一种名花，家中没有的，虽或有，已开过了，便将正事撇在半边，依依不舍，永日忘归。

这样天天四处寻花看花，还不足够。秋翁还倾其所有，求购花草，遇到好花，不管身上有钱没钱，就算典当衣物，也定要购买。一些卖花的奸商看准他的脾气，故意抬高价格，他也只是默默接受，只因为一片爱花炽情。

经过日积月累的努力，秋翁建造起了一个风景优美的大花园，其中花卉种类繁多，还有许多奇花异草，一花未谢，一花又开，一年四季，皆有可赏之花。

秋翁护花,几乎到了极致的程度。他每天清晨起来,必先清扫花下落叶,一一灌溉,晚上还要细心浇灌一遍。但凡有一朵花开,他都欢欣雀跃,或暖一壶酒,或煮一壶茶,先向花儿深深作揖,浇奠一番,才坐下品赏。而到花谢之时,则连日叹息不已,甚至悲伤坠泪。他舍不得那些落花,都小心收集起来,放在盘中,不时赏玩,等到花瓣都干枯了,就把它们装进干净的瓮中。每装满一瓮,就将其埋在长堤之下,谓之"葬花"。而若有花瓣被泥玷污,他就用清水将花瓣洗涤干净,再送入湖中,谓之"浴花"。

他平时最恨有人攀折花朵,原文中有精妙论述:

凡花一年只开得一度,四时中只占得一时,一时中又只占数日。他熬过了三时的冷淡,才讨得这数日的风光。……况就此数日间,先犹含蕊,后复零残,盛开之时,更无多了。又有蜂采鸟啄虫钻,日炙风吹,雾迷雨打,全仗人去护惜他,却反恣意拗折,于心何忍!

在秋翁眼中,花的生长就如人一般,花儿盛开之时被人采折,仿佛人春风得意之时突遭灾祸;花儿一旦离开枝头,枝干一旦被折损,就再无重接的可能,仿佛人之一死,不可复生;还有那些未开的花蕊,因为花枝被人折去,只得含苞而死,不正像那些童年夭折的人一样吗?倘若摘折回去,好好爱护欣赏也就罢了,偏偏有一些人,只趁着一时之性随意攀折,然后随手丢弃在路边,毫不顾惜,那些被抛弃的花朵,就如同横祸枉死的人一样,无处申冤,多么可怜!

有了这样的念头,秋翁平时绝对不折一枝,不伤一蕊。就是看到别人家院子里有心爱的花儿,他也宁可天天去看,而绝不接受主人赠送的一枝一朵。旁人若要摘花,他一旦看见,必再三劝说,若他人不听劝,他情愿低头下拜乞求。那些摘花的人看他一片诚心，大多也就住了手。而那些已经损伤的花儿，他就小心取些泥土封好，谓之"医花"。这样，也救了不少花儿。

他自己的花园更是不轻易让人游玩，生怕别人伤了一花一草。偶尔有亲戚邻居要观赏，他也先叮嘱万分，才放人进园，且只许远观，不容亲近。有那么一两个人不识时务，偏偏要摘他一花一蕊，秋翁一旦发现，必然面红耳赤，大发雷霆，下次决然不让摘花者进园了。渐渐地，周围人们都了解了他的脾气，连一片叶子都不会轻易动了。

人可以挡着，禽鸟则难防。为了不让禽鸟啄伤果实，秋翁便在空地上放置米谷饲养禽鸟，还特别向群鸟祈祝。那些鸟儿似乎也通人性，渐渐就不伤害花蕊、果实了。因此，秋翁园子里的果子总是长得又大又甜。每到果熟之时，他必先摘取最好的祭祀花神，然后才敢自己吃。其余的果实，街坊四邻都送个遍，然后才拿出去贩卖，挣来微薄的收入，倒也足够应付粗衣淡饭的生活。如还有若干盈余，秋翁绝不吝啬，全拿去周济村中的贫苦人家。

诚心感神终成仙

这样年复一年，秋翁在花园中过着与世无争的生活，无忧无虑。然而天降横祸，一日，宦家子弟张委发现了秋翁的大花园，非要闯进去看花；而后意图强买花园不成，便随意采摘、糟蹋花卉。秋翁上前阻止，却被张委及随行一众恶少暴打一顿，花园里的花卉也被张委等人全部砸坏。

这是一场善与恶的较量。善良的秋翁一心只想保护娇花，却不想一人微薄之力根本抵挡不了恶势力。他只见有人要伤害他心爱的花，便不管不顾，豁出去要与人拼命：

秋公揪住死也不放，道："衙内便杀了老汉，这花决不与你摘的。"众人道："这老儿其实可恶！衙内采朵花儿，值什么大事，妆出许多模样！难道怕你就不摘了？"遂齐走上前乱摘。把那老儿急得叫屈连天，舍了张委，拼命去拦阻。扯了东边，顾不得西首，顷刻间摘下许多。秋老心疼肉痛，骂道："你这班贼男女，无事登门，将我欺负，要这性命何用！"

这段文字将秋翁满心的哀痛描绘得淋漓尽致，那些不能言语的花卉对于秋翁来说，就像他的性命一样重要。失去了花儿，他也失去了活下去的意义。

恶人走后，秋翁独自一人对着残花哭泣，场面十分感人：

且说秋公不舍得这些残花，走向前将手去捡起来看，见践踏得凋残零落，尘垢沾污，心中凄惨，又哭道："花阿！我一生爱护，从不曾损坏一瓣一叶，那知今日遭此大难！"

也许是秋翁的一片诚心实在感人，瑶池王母座下司花仙女都被他感动显灵了。在仙女的帮助下，所有落花重回枝头，且比起原来更加鲜艳。秋翁是个真心爱花的人，遇到这样的奇迹，忽然豁然开朗。他认为自己平时不让别人看花，实在是心胸狭窄，所以才会遭此劫难。因此第二天一早，他就把园门打开，任人来看，只在一旁叮嘱不要随意采摘。村里的男男女女听闻这个消息，全都来秋翁的花园看花了。

然而，祸不止于此，无恶不作的张委听说这件事后，串通官府，将秋翁诬告为妖人，并将他抓进监狱，而自己则霸占了秋翁的花园。他的所作所为，终于触怒了园中众花之精。众花合力掀起一阵大风，将张委及其爪牙吹进粪窖淹死了。

而在监狱中的秋翁，则见到了前日所见仙女。仙女告诉秋翁，张委及其党羽损花害人，天帝已下旨降灾；同时教他服食百花修行之法。秋翁出狱之后，按照仙女所教方法服食百花，渐渐地不食人间烟火。所卖果实得来的钱，秋翁全都用来布施穷人。不过数年，他的白发渐渐转黑，容貌也年轻了许多。

一个八月十五之日，万里无云，明月当空，秋翁正在花下独坐，忽然空中飞来一朵彩云，声乐嘹亮，异香扑鼻。彩云之中，正立着司花仙女，秋翁急忙下拜。司花仙女说："秋先，你修行已满，我已上奏天地，封你为护花使者，专管人间百花。这人世间，凡是爱花惜花的，你便赐福予他；若是残花毁花的，你就降灾予他。"

秋先对着天空叩头谢恩，随后则飞升登云，四邻多有眼见的，全都惊叹不已，一齐下拜。后来，那个地方就改名为升仙里，又叫惜花村。

参考书目

1. 孙映逵主编:《中国历代咏花诗词鉴赏辞典》,江苏科学技术出版社,1989 年。

2. 郭榕编著:《花文化》,中国经济出版社,1995 年。

3. 德龄著:《慈禧太后私生活秘录》,天津古籍出版社, 1999 年。

4. 薛友编注:《怡情四书》,崇文书局,2004 年。

5. 赵慧文编注:《中华历代咏花卉诗词选》,学苑出版社, 2005 年。

6. 何小颜著:《花之语》,中国书店,2008 年。

7. 蒋勋著:《写给大家的中国美术史》,三联书店,2008 年。

8. 杜华平著:《花木趣谈》,中华书局,2010 年。

9. 沈复著:《浮生六记(新增补)》,人民文学出版社,2010 年。

10. 李湧著:《中国花木民俗文化》,中原农民出版社,2011 年。